Biologiedidaktische Vorstellungsforschung: Zukunftsweisende Praxis

Bianca Reinisch · Kristin Helbig · Dirk Krüger
(Hrsg.)

Biologiedidaktische Vorstellungsforschung: Zukunftsweisende Praxis

Hrsg.
Bianca Reinisch
Fachbereich Biologie, Chemie, Pharmazie,
Freie Universität Berlin
Berlin, Deutschland

Kristin Helbig
Fachbereich Biologie, Chemie, Pharmazie,
Freie Universität Berlin
Berlin, Deutschland

Dirk Krüger
Fachbereich Biologie, Chemie, Pharmazie,
Freie Universität Berlin
Berlin, Deutschland

ISBN 978-3-662-61341-2 ISBN 978-3-662-61342-9 (eBook)
https://doi.org/10.1007/978-3-662-61342-9

Die Deutsche Nationalbibliothek verzeichnet diese Publikation in der Deutschen Nationalbibliografie; detaillierte bibliografische Daten sind im Internet über http://dnb.d-nb.de abrufbar.

Planung/Lektorat: Stefanie Wolf
Springer Spektrum ist ein Imprint der eingetragenen Gesellschaft Springer-Verlag GmbH, DE und ist ein Teil von Springer Nature.
Die Anschrift der Gesellschaft ist: Heidelberger Platz 3, 14197 Berlin, Germany

Vorwort

Die Erforschung von Vorstellungen zur belebten Natur ist eine zentrale Aufgabe der Biologiedidaktik. Mit dem Band *Biologiedidaktische Vorstellungsforschung: Zukunftsweisende Praxis* wird das Ziel verfolgt, aktuelle Forschungsergebnisse in diesem Gebiet zusammenzutragen und weiterführende Ideen zu sammeln, die es ermöglichen, biologiedidaktische (Forschungs-)Arbeit einzuordnen und weiterzuführen. Hintergrund des Bandes bilden die Ergebnisse und weiterführenden Gedanken einer zweitägigen, gleichnamigen Schwerpunkttagung, die durch das Professorinnenprogramm II des Bundes und der Länder von der Freien Universität Berlin finanziell gefördert und im März 2019 in Berlin durchgeführt wurde. In mehreren Keynote-Vorträgen, Einzelvorträgen und vier Round Table-Diskussionen (Tab. 1) wurden sowohl theoretische Grundlagen der Vorstellungsforschung als auch innovative Forschungsansätze von Biologiedidaktikern[1] mit Expertise im Forschungsgebiet präsentiert und diskutiert. Der vorliegende Band macht die Diskussionen der Tagung weiter nutzbar.

Im ersten Beitrag (Kap. 1) setzen sich Kristin Helbig und Bianca Reinisch mit den Problemfeldern und den sich daraus ergebenen Forschungsdesideraten der Vorstellungsforschung auseinander. Diese Betrachtung führte zu den Leitfragen für die Tagung und die Round Table-Diskussionen.

Der Beitrag von Harald Gropengießer liefert eine Einführung in die Thematik (Kap. 2), in der sowohl ein geschichtlicher Abriss, der Status quo der Vorstellungsforschung als auch weiterführende Gedanken und Forderungen an die biologiedidaktische Forschung formuliert werden.

Die Ergebnisse der Round Table-Diskussionen werden in vier Beiträgen dargelegt. Jeder der vier Round Table wurde von einem Chair geleitet (Tab. 1).

[1]Aus Gründen der leichteren Lesbarkeit wird auf die geschlechtsspezifische Unterscheidung verzichtet. Die grammatisch männliche Form wird geschlechtsneutral verwendet und meint das weibliche und männliche Geschlecht gleichermaßen.

Tab. 1 Überblick über die Round Table-Themen, Posterbeiträge und die Einzelvorträge auf der Tagung; die Beiträge finden sich als Onlinezusatzmaterial unter folgendem Link: https://www.springer.com/de/book/9783662613412

Vorstellung und Theorie (Chair: Jörg Zabel)	
Helge Gresch	Schülervorstellungen als implizites Wissen
Sabine Meister und Annette Upmeier zu Belzen	Vorstellungsentwicklung durch Modellierung im Kontext Ökosystemdynamik
Bianca Reinisch und Dirk Krüger	Die Lehrpotentialdiagnose: Verfügen Lehrende über fachwissenschaftlich adäquate Vorstellungen?
Marcus Hammann	Wissensstrukturansätze in der Schülervorstellungsforschung: Kohärenzprobleme erfordern Wissensvernetzung
Harald Gropengießer	Thesen und Theorien zu Vorstellungen (Thesenpapier)
Vorstellung und Kompetenz (Chair: Moritz Krell)	
Maximilian Göhner und Moritz Krell	Vorstellungen als Indikator für Kompetenz
Dirk Krüger und Kristin Helbig	Ist das Lösen von Problemstellungen in Aufgaben zur Kompetenzerfassung Vorstellungsforschung?
René Leubecher und Jörg Zabel	Zum Einfluss von Vorstellungen zur ethischen Urteilsbildung Lehramtsstudierender der Biologie auf deren professionelle Handlungskompetenz
Vorstellung und Diagnose (Chair: Sarah Dannemann)	
Kristin Helbig und Dirk Krüger	Videotest: Den Umgang mit Schülervorstellungen bei Lehrpersonen diagnostizieren
Jan Schuhmacher und Jörg Zabel	„Transduktion zu erklären ist abstrakt. Deshalb habe ich es auf die wesentlichen Fakten verkürzt." – Wie Lehramtsstudierende nach dem Modell der didaktischen Rekonstruktion Unterricht planen
Jens Steinwachs und Helge Gresch	Bearbeitung der Sachantinomie in der biologiedidaktischen Lehrerbildung – heterogene Schülervorstellungen im Evolutionsunterricht: Wahrnehmung von Lehramtsstudierenden
Sandra Woehlecke	Die Entwicklung von Konzepten von Biologie-Lehramtsstudierenden über die Struktur und Funktion von Biomembranen innerhalb einer Lehrveranstaltung
Vorstellung und Intervention (Chair: Roman Asshoff)	
Niklas Schneeweiß und Harald Gropengießer	Phänomenen auf den Grund gehen durch Zoomen: Lernmöglichkeiten und -schwierigkeiten von Interventionen mit biologischen Betrachtungsebenen
Sonja Tinapp und Jörg Zabel	Alltagsvorstellungen als Grundlage ko-konstruktiver Prozesse in Peergroups – eine geeignete Lehr-Lern-Strategie?

(Fortsetzung)

Tab. 1 (Fortsetzung)

Daniel Hüsken und Marcus Hammann	Energie als vernetzendes Konzept für das Themenfeld Ökologie – eine Intervention als Fortbildung für Lehrer
Jorge Groß, Denis Messig und Nadine Tramowsky	Verstehensprozesse neu gedacht – theoriegeleitete und evidenzbasierte Entwicklung biologiedidaktischer Lernangebote
Katharina Düsing	Zoom in – Zoom out: Entwicklung und Evaluation von Unterrichtsmaterial zur Förderung von Kohärenz in den Schülervorstellungen zum Kohlenstoffkreislauf
Einzelvorträge	
Helge Gresch	Implizites Wissen als handlungsleitendes Wissen im Umgang mit Schülervorstellungen – wissenssoziologische Ansätze zur Erforschung von Unterricht
Finja Grospietsch und Jürgen Mayer	Professionalisierung von Alltagsvorstellungen durch Konzeptwechseltexte
Marcus Hammann	Organisationsebenen-vernetzendes Denken und der *knowledge integration approach to conceptual change*

Jörg Zabel (Kap. 3) stellt die im Round Table **Vorstellung und Theorie** präsentierten Beiträge und Diskussionsergebnisse der Teilnehmer vor, wobei anknüpfungsfähige Desiderate für eine fortgesetzte Theoriearbeit herausgestellt werden.

Marcus Hammann (Kap. 4) vertieft zwei Theorieansätze, denen er in der zukünftigen Schülervorstellungsforschung eine verstärkte Rolle zuspricht: das Organisationsebenen-vernetzende Denken und den Ansatz *knowledge-integration perspective on conceptual change.*

Als weitere Theorieperspektive bringt Helge Gresch (Kap. 5) einen wissenssoziologischen Ansatz ein, in dem Schülervorstellungen als implizites Wissen analysiert und diskutiert werden.

Moritz Krell fasst die auf der Tagung entstandenen Ergebnisse aus dem Round Table **Vorstellung und Kompetenz** zusammen, wobei er in seinem Beitrag (Kap. 6) zunächst beide Konstrukte definiert und nachfolgend einen Vergleich vornimmt.

Die eingereichten Posterbeiträge für den Round Table **Vorstellung und Diagnose** spiegeln einen derzeitigen Trend hinsichtlich eines verstärkten Fokus auf die Lehrkräftebildung wider. Leitende Fragen wurden von Sarah Dannemann an diesen Fokus angepasst und in ihrem Beitrag (Kap. 7) bearbeitet.

Roman Asshoff bezieht sich zur Beantwortung der Leitfragen aus dem Round Table **Vorstellung und Intervention** in seinem Beitrag (Kap. 8) auf fünf Prinzipien über erfolgreiches Lernen und Lehren, die er in fünf Thesen bezüglich Lernumgebungen, die Schülervorstellungen berücksichtigen, aufgreift.

Wenn auch nicht explizit durch einen Round Table vertreten, wurde auf der Tagung wiederholt die Rolle der Lehrpersonen in der Vorstellungsforschung diskutiert. Diesem Thema widmet sich Jürgen Langlet in seinem Beitrag (Kap. 9), wobei er auf eine humanitäre Sichtweise auf die Vorstellungsforschung eingeht.

In einem abschließenden Beitrag (Kap. 10) diskutiert Dirk Krüger die zuvor ausgeführten Beiträge und zieht ein Resümee der Tagung.

Entgegen der üblichen Gliederung von Beiträgen zu empirischen Studien oder Theoriekapiteln wurden die Autoren in diesem Band darum gebeten, nach einer kurzen Einleitung eine oder mehrere der Leitfragen aufzugreifen (Kap. 1). Diese werden in den einzelnen Beiträgen durch die Formulierung von Thesen diskutiert, womit Impulse für Forschungsinitiativen gegeben werden und ein Weiterdenken angestoßen werden soll. Nachdruck wird diesem Anliegen zusätzlich dadurch gegeben, dass die Autoren am Ende jedes Beitrags Anregungen zur Klärung offener biologiedidaktischer Fragen formulieren. Somit liefert dieser Band nicht nur einen Überblick über den aktuellen Stand der Forschung, sondern bietet vielmehr konkrete Anknüpfungspunkte und benennt Forschungsdesiderate.

Wir bedanken uns für die wertvollen Beiträge aller Tagungsteilnehmer und vor allem für die Mitarbeit und Kooperationsbereitschaft der Autoren zur Erstellung des Bandes *Biologiedidaktische Vorstellungsforschung: Zukunftsweisende Praxis.* Wir danken zudem dem Springer-Verlag, der uns bei der Umsetzung dieses Forschungsbandes begleitet und unterstützt hat.

Wir wünschen allen Lesern wertvolle Anregungen und eine erfolgreiche Umsetzung und Weiterentwicklung der biologiedidaktischen Vorstellungsforschung!

Die Herausgeber
Bianca Reinisch
Kristin Helbig
Dirk Krüger

Die Originalversion des Buchs wurde revidiert. Ein Erratum ist verfügbar unter https://doi.org/10.1007/978-3-662-61342-9_11

Inhaltsverzeichnis

Autorenverzeichnis

Dr. Roman Asshoff Zentrum für Didaktik der Biologie, Westfälische Wilhelms-Universität Münster, Münster, Deutschland

Dr. Sarah Dannemann Fachdidaktik Biologie, Rheinische Friedrich-Wilhelms Universität Bonn, Bonn, Deutschland

Prof. Dr. Helge Gresch Zentrum für Didaktik der Biologie, Westfälische Wilhelms-Universität Münster, Münster, Deutschland

Prof. Dr. Harald Gropengießer Bremen, Deutschland

Prof. Dr. Marcus Hammann Zentrum für Didaktik der Biologie, Westfälische Wilhelms-Universität Münster, Münster, Deutschland

Kristin Helbig Fachbereich Biologie, Chemie, Pharmazie, Freie Universität Berlin, Berlin, Deutschland

Dr. Moritz Krell Didaktik der Biologie, Freie Universität Berlin, Berlin, Deutschland

Prof. Dr. Dirk Krüger Fachbereich Biologie, Chemie, Pharmazie, Freie Universität Berlin, Berlin, Deutschland

Jürgen Langlet Saarbrücken, Deutschland

Dr. Bianca Reinisch Fachbereich Biologie, Chemie, Pharmazie, Freie Universität Berlin, Berlin, Deutschland

Prof. Dr. Jörg Zabel Biologiedidaktik, Universität Leipzig, Leipzig, Deutschland

1 Vorstellungsforschung – Hürden, die es zu überwinden gilt!

Kristin Helbig und Bianca Reinisch

Zusammenfassung

In diesem Beitrag werden noch offene Fragen der fachdidaktischen Vorstellungsforschung aufgegriffen, die in den folgenden Beiträgen in diesem Band vertieft diskutiert werden. Erstens besteht eine begriffliche Vielfalt des Konstrukts Vorstellung, was eine intensive Auseinandersetzung auf theoretischer Ebene erfordert. Zweitens fehlt eine übergreifende Diskussion über die Beziehung von Vorstellungen und Kompetenzen, wobei die empirischen Befunde in beiden Forschungsbereichen vermutlich synergetisch gewinnbringend genutzt werden können. Drittens gilt es, in der Biologiedidaktik aufgrund veränderter Anforderungen an professionelle Tätigkeiten im Bereich der schulischen Ausbildung und der Hochschullehre nicht nur Vorstellungen erfassen und analysieren zu können, sondern beispielsweise auch angehende Lehrpersonen[1] und ihre Diagnosefähigkeiten in den Blick zu nehmen. Schließlich stellt sich viertens die Frage, weshalb etablierte Modelle im Bereich der Vorstellungsforschung und aus der Forschung abgeleitete Unterrichtsvorschläge zur Entwicklung von Vorstellungen nur selten Eingang in den Unterricht finden.

K. Helbig (✉) · B. Reinisch
Fachbereich Biologie, Chemie, Pharmazie, Freie Universität Berlin, Berlin, Deutschland
E-Mail: kristin.helbig@fu-berlin.de

B. Reinisch
E-Mail: bianca.reinisch@fu-berlin.de

B. Reinisch et al. (Hrsg.), *Biologiedidaktische Vorstellungsforschung: Zukunftsweisende Praxis,* https://doi.org/10.1007/978-3-662-61342-9_1

1.1 Schülervorstellungen – Vielfalt der Begrifflichkeiten

Im Hinblick auf die gestiegenen Ansprüche an den Lehrerberuf im Lauf der gesellschaftlichen Entwicklung, beispielsweise die Berücksichtigung der Heterogenität der Schülerschaft, die individuelle Förderung von Kindern und Jugendlichen, Inklusion und vieles mehr, ist es wichtiger denn je, sich mit den unterschiedlichen „Eingangsvoraussetzungen" der Lernenden vertraut zu machen und angemessen mit diesen Voraussetzungen umzugehen. Eine intensive Auseinandersetzung mit Schülervorstellungen ist hier ein Ansatz, der keineswegs neu ist. Bereits 1838 postuliert der Pädagoge Diesterweg: „Beginne den Unterricht auf dem Standpunkte des Schülers, führe ihn von da aus stetig, ohne Unterbrechung, lückenlos und gründlich fort!" (Diesterweg 1838, S. 131). Die Lückenlosigkeit ist hierbei nicht im Lehrgegenstand zu ergründen, sondern bezieht sich auf das Subjekt, also das zu unterrichtende Individuum (Diesterweg 1838).

Der Umgang mit dem Begriff Schülervorstellung besitzt auch in der Naturwissenschaftsdidaktik schon lange eine große Bedeutung. Dabei existiert eine Vielzahl alternativer Bezeichnungen für den Begriff Vorstellung mit zum Teil unterschiedlichen Bedeutungen, zum Beispiel Alltagsmythen, Alltagsphantasien, Alltagsvorstellungen, alternative Vorstellungen, Fehlvorstellungen *(misconceptions),* lebensweltliche Vorstellungen, Schülervorstellungen oder Schülervorverständnis (Reinisch 2019). Hinter vielen dieser Begriffe verbirgt sich das didaktische Bestreben, die Vorstellungen von Lernenden in Lehr-Lern-Situationen zu berücksichtigen und deren Gedanken und Ideen als Anknüpfungspunkte bei der Gestaltung solcher Situationen zu nutzen. In der pädagogischen Psychologie wird darüber hinaus die Bezeichnung subjektive Theorien genutzt. Die bestehende begriffliche Vielfalt des Konstrukts Vorstellung erfordert in der fachdidaktischen Forschung eine intensive Auseinandersetzung auf der theoretischen Ebene, um ein Forschungsvorhaben präzisieren und einordnen zu können. Im Folgenden werden Leitfragen hinsichtlich dieser theoretischen Ebene hergeleitet, die auf der Tagung insbesondere im Round Table **Vorstellung und Theorie** im Mittelpunkt standen.

1.2 Vorstellung und Theorie

In der pädagogischen Psychologie sollen Theorien möglichst genau definierte Begriffe, die kontextunabhängig dieselbe Bedeutung haben, enthalten (Beck und Krapp 2006). Obige Ausführungen verdeutlichen bezüglich der Vorstellungsforschung, dass eine entsprechende Eindeutigkeit von Begriffen trotz der langen Forschungstradition in der Fachdidaktik noch fehlt. Es stellt sich zunächst die Frage, was eine adäquate, fachdidaktische Theorie als Grundlage der Vorstellungsforschung leisten muss. Eine Theorie bezeichnet ein empirisch überprüftes und bewährtes Gefüge von Aussagen über Wirkungszusammenhänge; sie dient als Begriffsnetz für die systematische Beschreibung von empirischen Befunden; sie umfasst Leitlinien eines Forschungsprogramms; und sie gilt als deskriptive Zusammenfassung der zu einem Forschungsthema vorliegenden

Erkenntnisse (Schecker et al. 2018, S. 4). Diese Merkmale und Funktionen treffen auch auf die Theorien der Schülervorstellungsforschung zu, wobei Schecker et al. (2018) in der Fachdidaktik vielmehr von theoretischen Rahmungen sprechen. Beispielsweise gilt das Modell der didaktischen Rekonstruktion als etabliertes und gut überprüftes Forschungsprogramm, welches nicht nur Begriffe zur Darstellung von Forschungsergebnissen bereitstellt, sondern auch konkrete methodologische Leitlinien zur Durchführung von empirischen Studien bietet (Kattmann 2007). In zahlreichen Publikationen mit einem Schwerpunkt auf Schülervorstellungen wird auf das Modell der didaktischen Rekonstruktion verwiesen, und die Leitlinien werden konkretisiert dargestellt. Insbesondere mit Blick auf das Verständnis einer Vorstellungsentwicklung und -veränderung existieren weitere Theorien bzw. theoretische Rahmungen, die schon lange etabliert sind (z. B. Conceptual-Change-Theorie, die Theorie des erfahrungsbasierten Verstehens; Kap. 3 oder erst in neuere Arbeiten Eingang gefunden haben, beispielsweise Ansätze zum Organisationsebenen-vernetzenden Denken; Kap. 4).

Im Sinne Poppers (1971) müssen nicht nur diese neuen, noch wenig beforschten Theorien überprüft, sondern auch die bereits lang etablierten und bewährten Theorien hinterfragt werden und weitergehenden empirischen und logischen Überprüfungen standhalten. Für die Schülervorstellungsforschung und ihre Akteure bedeutet dies, sich folgenden Fragen zuzuwenden:

- Halten die klassischen Theorien den veränderten Anforderungen stand?
- Welche weiteren theoretischen Perspektiven können an empirische Befunde herangetragen werden?

1.3 Vorstellung und Kompetenz

Vorstellungsforschung im weiteren Sinne wird bereits seit Anfang des vorherigen Jahrhunderts betrieben. Heute gibt es eine große Zahl an Studien und Befunden zu Vorstellungen verschiedener Personengruppen (z. B. Schüler, Lehrpersonen) hinsichtlich diverser biologischer Themen, und es bestehen Vorschläge, wie diese nutzbar gemacht werden können (Duit 2009). Der Kompetenzbegriff ist spätestens seit dem PISA-Schock aus der pädagogischen Psychologie und den Fachdidaktiken nicht mehr wegzudenken, und es liegen Definitionen, empirische Studien und Empfehlungen zur Förderung verschiedener Kompetenzen vor (Hartig und Klieme 2006). Eine vernetzende Diskussion über die Beziehung von Vorstellungen und Kompetenzen besteht bislang jedoch nicht, obwohl vermutet werden kann, dass die Ergebnisse aus beiden Forschungssträngen aufgrund der hohen Zahl an empirischen Befunden gewinnbringend verbunden werden können. Zur Diskussion dieser These wurde auf der Tagung ein Round Table unter folgenden Leitfragen eingerichtet:

- Welchen Beitrag leistet die Vorstellungsforschung zum aktuellen Kompetenzdiskurs?
- In welchem Spannungsverhältnis stehen Vorstellungs- und Kompetenzentwicklung?

1.4 Vorstellung und Diagnose

Der Umgang mit fachspezifischen Lernschwierigkeiten und den damit verbundenen Alltagsvorstellungen wird als eine Schlüsselkompetenz im Bereich des fachdidaktischen Wissens *(pedagogical content knowledge)* angesehen (Jüttner und Neuhaus 2013). Sie umfasst neben Kenntnissen zur Förderung von Schülern (Abschn. 1.5) insbesondere die Diagnose von Vorstellungen, aber auch die Diagnose des Umgangs mit Schülervorstellungen. Das Wissen über fachspezifische Schülervorstellungen sollte für eine Lehrperson genauso bedeutsam sein wie das Wissen über die fachlichen Inhalte (White und Gunstone 1992). Aus diesem Grund sollten Lehrpersonen auch in der Lage sein, die Vorstellungen der Lernenden zu erheben. Methoden, welche im Unterricht einfach umzusetzen sind, sind beispielsweise die Kartenabfrage (Satzanfänge oder Fragen, welche von den Schülern zu ergänzen bzw. zu beantworten sind), Zeichnungen, Schreibaufgaben (das Verfassen von erzählerischen oder sachlichen Texten zu einem biologischen Problem), Concept Maps oder das Aufstellen von Hypothesen beim Experimentieren (Kattmann 2017, S. 11).

Ein Großteil der bisherigen Vorstellungsforschung bezieht sich auf die Erfassung und Analyse von Schülervorstellungen zu spezifischen Themen des Biologieunterrichts (z. B. Sehen und Wahrnehmung, Blut und Blutkreislauf, Klimawandel). Im Hinblick auf den Umgang mit Heterogenität und *diversity,* was beispielsweise seit einigen Jahren in der „Qualitätsoffensive Lehrerbildung" im Fokus steht, ist es wichtig, die unterschiedlichen Ausgangsbedingungen der Lernenden zu erfassen, um so angemessen mit diesen Grundlagen umzugehen. Dies zieht auch veränderte Anforderungen an die professionellen Tätigkeiten im Bereich der schulischen Ausbildung, der Hochschullehre sowie Fort- und Weiterbildungen nach sich. Allerdings sollte die Diagnose weit mehr umfassen, als die Erfassung und Analyse von Vorstellungen zu unterschiedlichen biologischen Phänomenen: Welchem übergeordneten Zweck liegt die Diagnose der Lernervorstellungen zugrunde? Welche Schlussfolgerungen ergeben sich aus der Diagnose für den Lehr-Lern-Prozess? Und wie adäquat diagnostizieren Lehrpersonen die Eingangsvoraussetzungen ihrer Lernenden (Diagnose der Diagnosefähigkeit)? Daraus ergeben sich folgende Leitfragen:

- Zu welchem Zweck werden Fähigkeiten der Lehramtsstudierenden diagnostiziert bzw. analysiert?
- Welcher konkrete Gegenstand wird jeweils diagnostiziert bzw. analysiert?
- Wie werden die Gegenstände in der Lehrerbildung diagnostiziert bzw. analysiert?

1.5 Vorstellung und Intervention

Der Umgang mit Schülervorstellungen umfasst neben ihrer Diagnose vor allem den Aspekt, Schüler angemessen und individuell fördern zu können (Jüttner und Neuhaus 2013), so dass nachunterrichtliche Vorstellungen wissenschaftliche Vorstellungen weitergehend einbeziehen. Für die Entwicklung von Lernangeboten liefern verschiedene Modelle Richtlinien und Vorschläge, von denen drei im Folgenden kurz dargestellt werden.

Im Rahmen des Modells der didaktischen Rekonstruktion (Kattmann et al. 1997; Kattmann 2007) werden drei Untersuchungsaufgaben eng miteinander verknüpft: die fachliche Klärung, die Lernpotentialdiagnose und die didaktische Strukturierung. Dies bedeutet, die fachwissenschaftlichen Perspektiven zu dem jeweiligen Gegenstand zu sichten, die Kenntnisse, Fertigkeiten, Verständnisse und Kompetenzen der Lernenden zu ermitteln und diese beiden Elemente im unterrichtlichen Planungsprozess in Einklang zu bringen (Gropengießer und Kattmann 2017). Es handelt sich um ein rekursives Vorgehen, wobei die drei Untersuchungsaufgaben nicht unabhängig voneinander zu betrachten sind (Kattmann 2007). Für die unterrichtliche Umsetzung bedeutet dies, die curricularen Anforderungen zu variieren und so zu sequenzieren, dass kognitive Konflikte in Bezug auf die vorhandenen Lernvoraussetzungen erfolgen können. Auf Grundlage dieser Erfahrung ist es notwendig, die eigenen Sichtweisen zu reflektieren und ggf. neu zu interpretieren, um das neu erworbene Wissen als ein Werkzeug anzusehen, das sich in bestimmten Kontexten bewährt (Schnotz 2006).

Das Modell nach Driver (1989) liefert einen Handlungsrahmen zur Unterstützung eines Konzeptwechsels in fünf Schritten: 1) Zunächst werden die Schülervorstellungen „hervorgelockt" und dann 2) die fachliche Klärung des Unterrichtsgegenstands durchgeführt. Im Idealfall führt das zum 3) Auslösen von kognitiven Konflikten. Diese Initiierung von Unzufriedenheit mit der bisherigen Vorstellung (Posner et al. 1982) nimmt einen zentralen Stellenwert bei der Vorstellungsrekonstruktion ein (Lin et al. 2016), wobei Einflussgrößen wie der kulturelle Rahmen, situative Kontexte, das Lernklima u. v. m. berücksichtigt werden müssen (Gropengießer und Marohn 2018). Anschließend 4) werden die neuen Vorstellungen bewertet und angewendet, um sie 5) mit den alten Vorstellungen zu vergleichen.

Der von Duit (2009) beschriebene Konzeptwechsel umfasst mehrere Phasen: Den Schülern wird zunächst die Möglichkeit gegeben, sich mit dem zu unterrichtenden Phänomen vertraut zu machen und sich ihrer Vorstellungen zur Deutung des Phänomens bewusst zu werden sowie sich darüber auszutauschen. Anschließend wird die wissenschaftliche Sichtweise eingeführt und es kommt zu einem Abgleich mit der eigenen Vorstellung. Nun werden Lernwege von den Alltagsvorstellungen hin zu einer fachlich angemessenen Vorstellung gegangen. Kontinuierliche Lernwege werden genutzt, um eine Modifikation der Vorstellungen der Schüler, welche den fachlich angemessenen Vorstellungen ähneln, durch Erweiterungen und kleinere Revisionen zu unterstützen. Diskontinuierliche Lernwege hingegen bedürfen einer grundlegenden Revision der Schülervorstellung, weil sie im Widerspruch zur fachlich angemessenen Vorstellung stehen (Duit 1995). Ein entscheidender Schritt beim diskontinuierlichen Lernweg ist auch hier die Erzeugung eines kognitiven Konfliktes bei den Schülern (Duit 1995, S. 913). Schließlich folgt eine Phase des Rückblicks auf die durchlaufenen Lernwege und eine Anwendung des (neu) erlernten Konzeptes auf ein neues Problem (Duit 1995).

Allen Modellen ist die direkte Arbeit auf individueller Ebene gemein. Die Vorstellungen der Schüler werden also berücksichtigt und als Startpunkt schrittweise zu den fachlich angemessenen Vorstellungen geleitet. Wieso finden diese Modelle dennoch eher selten den Weg in die Unterrichtsplanung und -durchführung? Empirische Studien, in denen nach dem Modell der didaktischen Rekonstruktion oder anderen Modellen vorgegangen wurde, beinhalten häufig die Ableitung von didaktischen Leitlinien oder die Entwicklung und Evaluation von Vermittlungsexperimenten (Duit et al. 2012). „*Wirksamkeitsnachweise* für die Arbeit mit Schülervorstellungen im Unterricht sind allerdings deutlich seltener" (Schrenk et al. 2019, S. 17). Es ist also nicht überraschend, dass auch Lehrpersonen nur selten Unterricht so gestalten, dass dieser an die bei ihren Schülern vorhandenen Vorstellungen anknüpft. Trotz der bereits seit langem bestehenden Forschung zu Vorstellungen stellt sich nach wie vor die folgende Frage:

- Welche Aspekte spielen bei der Planung einer Lernumgebung, die Schülervorstellungen berücksichtigt, eine Rolle?

1.6 Fazit

Trotz der bereits lange bestehenden Forschungstradition zum Gegenstand Vorstellungen zeigen die obigen Ausführungen, dass es nach wie vor eine Vielzahl an Fragen gibt, die durch biologiedidaktische Forschung zu klären wären. Die nachfolgenden Beiträge greifen diese Leitfragen auf, unterwerfen sie einem kritischen Blick, bieten Antworten an und identifizieren insbesondere Forschungsdesiderate, die in theoretischen und empirischen Ansätzen zu bearbeiten wären.

Anmerkungen

1. Aus Gründen der leichteren Lesbarkeit wird auf die geschlechtsspezifische Unterscheidung verzichtet. Die grammatisch männliche Form wird geschlechtsneutral verwendet und meint das weibliche und männliche Geschlecht gleichermaßen.

Literatur

Beck K, Krapp A (2006) Wissenschaftstheoretische Grundfragen der Pädagogischen Psychologie. In: Krapp A, Weidenmann B (Hrsg) Pädagogische Psychologie. Julius Beltz, Weinheim, S 33–73

Diesterweg FAW (1838) Wegweiser zur Bildung für deutsche Lehrer. G. D. Bädeker, Essen

Driver R (1989) Students' conceptions and learning of science. Int J Sci Educ 11(5):481–490

Duit R (1995) Zur Rolle der konstruktivistischen Sichtweise in der naturwissenschaftsdidaktischen Lehr- und Lernforschung. Z für Pädagogik 41(6):905–923

Duit R (2009) *Bibliography – STCSE. Students' and teachers' conceptions and science education. Compiled by Reinders Duit.* http://archiv.ipn.uni-kiel.de/stcse/. Zugegriffen: 3. Jan. 2020

Duit R, Gropengießer H, Kattmann U, Komorek M, Parchmann I (2012) The model of educational reconstruction – a framework for improving teaching and learning science. In: Jorde D, Dillon J (Hrsg) Science education research and practice in Europe. Sense, Rotterdam, S 13–37

Gropengießer H, Kattmann U (2017) Der Blutkreislauf des Menschen (Klasse 6–10). In: Kattmann U (Hrsg) Biologie unterrichten mit Alltagsvorstellungen. Didaktische Rekonstruktion in Unterrichtseinheiten. Seelze, Klett Kallmeyer, S 14–25

Gropengießer H, Marohn A (2018) Schülervorstellungen und Conceptual Change. In: Krüger D, Vogt H (Hrsg) Theorien in der biologiedidaktischen Forschung. Springer, Berlin, S 49–67

Hartig J, Klieme E (2006) Kompetenz und Kompetenzdiagnostik. In: Schweizer K (Hrsg) Leistung und Leistungsdiagnostik. Springer, Berlin, S 127–143

Jüttner M, Neuhaus BJ (2013) Das Professionswissen von Biologielehrkräften – Ein Vergleich zwischen Biologielehrkräften, Biologen und Pädagogen. Z Didaktik Naturwissenschaften 19:31–49

Kattmann U (2007) Didaktische Rekonstruktion – eine praktische Theorie. In: Krüger D, Vogt H (Hrsg) Theorien in der biologiedidaktischen Forschung. Springer, Berlin, S 93–104

Kattmann U (2017) Biologie unterrichten mit Alltagsvorstellungen. Didaktische Rekonstruktion in Unterrichtseinheiten. Klett, Seelze

Kattmann U, Duit R, Gropengießer H, Komorek H (1997) Das Modell der Didaktischen Rekonstruktion – Ein Rahmen für naturwissenschaftsdidaktische Forschung und Entwicklung. Z Didaktik Naturwissenschaften 3:3–18

Lin J-W, Yen M-H, Liang J, Chiu M-H, Guo C-J (2016) Examining the factors that influence students' science learning processes and their learning outcomes: 30 years of conceptual change research. Eurasia J Math Sci Technol Educ 12:2617–2646

Popper, KR (1971). *Logik der Forschung*. Tübingen: J. C. B. Mohr (Erstveröffentlichung 1934)

Posner GJ, Strike KA, Hewson PW, Gertzog WA (1982) Accommodation of a scientific conception. Toward a theory of conceptual change. Sci Educ 66(2):211–227

Reinisch, B (2019) *Die Natur der Naturwissenschaften verstehen. Vorstellungen von Biologie-Lehramtsstudierenden über Theorien und Modelle* (Dissertation). Baltmannsweiler: Schneider Verlag Hohengehren.

Schecker H, Parchmann I, Krüger D (2018) Theoretische Rahmung naturwissenschaftsdidaktischer Forschung. In: Krüger D, Parchmann I, Schecker H (Hrsg) Theorien in der naturwissenschaftsdidaktischen Forschung. Springer, Berlin, S 1–9

Schnotz W (2006) Conceptual change. In: Rost D (Hrsg) Handwörterbuch Pädagogische Psychologie. Beltz, Weinheim, S 77–82

Schrenk M, Gropengießer H, Groß J, Hammann M, Weitzel H, Zabel J (2019) Schülervorstellungen im Biologieunterricht. In: Groß J, Hammann M, Schmiemann P, Zabel J (Hrsg) Biologiedidaktische Forschung: Erträge für die Praxis. Springer, Berlin, S 3–20

White R, Gunstone R (1992) Probing understanding. The Falmer Press, London

Kristin Helbig hat Biologie und Deutsch (Lehramt an Gymnasien) an der Freien Universität Berlin studiert. Sie war wissenschaftliche Mitarbeiterin in der Arbeitsgruppe Didaktik der Biologie der Freien Universität Berlin, wo sie sich im BMBF geförderten Projekt „K2Teach - Know how to teach“ mit dem Erwerb von grundlegenden Kompetenzen bei Lehramtsstudierenden für eine adaptive Unterrichtspraxis in heterogenen Klassenzimmern beschäftigte. Derzeit absolviert sie ihr Referendariat an dem Droste-Hülshoff-Gymnasium in Berlin und verfasst ihre Promotion.

Dr. Bianca Reinisch hat Biologie und Deutsch (Lehramt an Gymnasien) an der Freien Universität Berlin studiert, wo sie anschließend zum Thema „Die Natur der Naturwissenschaften verstehen. Vorstellungen von Biologie-Lehramtsstudierenden über Theorien und Modelle“ promoviert hat. Seither arbeitet sie als wissenschaftliche Mitarbeiterin in der Arbeitsgruppe Didaktik der Biologie an der Freien Universität Berlin. Ihre Forschungsschwerpunkte liegen in der Erfassung und Analyse von Vorstellungen in den Bereichen Nature of Science und naturwissenschaftliche Arbeitsweisen.

Vorstellungen im Fokus

2

Forschung für verstehendes Lernen und Lehren

Harald Gropengießer

Zusammenfassung

Lernervorstellungsforschung ist eines der ältesten und produktivsten fachdidaktischen Forschungsprogramme. Bisher liegen zu vielen biologischen Themen Befunde über vorunterrichtliche Vorstellungen vor, aber deutlich weniger über das Lernen und Lehren biologisch angemessener Vorstellungen. Aus der Perspektive langjähriger Teilhabe werden hier Kernelemente dieses Forschungsprogramms beschrieben, zu dessen Grundannahmen gehört, dass Lernende[1] auch vorunterrichtlich über Vorstellungen zu vielen Unterrichtsthemen verfügen. Was unter Vorstellungen zu verstehen ist, wird aus neurobiologisch informierter erkenntnistheoretischer Perspektive bestimmt. Vorstellungen können somit nicht erfasst, sondern nur methodisch kontrolliert durch Äußerungen interpretativ erschlossen werden. Die verwendeten entwicklungspsychologischen, lernpsychologischen, wissenschaftstheoretischen und kognitionslinguistischen Theorien leuchten das Forschungsfeld unterschiedlich aus. Eine Verstehenstheorie erklärt mit dem Ansatz der verkörperten Kognition die Genese basaler Vorstellungen und mit der kognitiven Metapherntheorie das Verstehen abstrakter Inhalte und ermöglicht Voraussagen zu Verstehensschwierigkeiten. Abschließend wird eine Weiterentwicklung des Forschungsprogramms vorgeschlagen.

H. Gropengießer (✉)
Bremen, Deutschland
E-Mail: gropengiesser@idn.uni-hannover.de

B. Reinisch et al. (Hrsg.), *Biologiedidaktische Vorstellungsforschung: Zukunftsweisende Praxis,* https://doi.org/10.1007/978-3-662-61342-9_2

2.1 Einführung

An jedem Schultag haben in Deutschland schätzungsweise eine halbe Million Schüler Biologieunterricht, und ca. 20.000 Biologielehrende vermitteln dann biologische Inhalte. Allein diese Zahlen machen deutlich, dass es sich lohnt, genauer hinzuschauen: Wenn es gelänge, den Vermittlungsprozess auch nur ein wenig effektiver als bisher zu machen, wäre viel gewonnen.

Einer der aussichtsreichsten Wege dahin führt über die Beachtung der Alltagsvorstellungen. In der Welt des verstehenden Lernens stehen die Vorstellungen im Fokus: Ausgangspunkt für Lernen sind die alltäglichen oder lebensweltlichen Vorstellungen, welche die Lernenden in den Unterricht mitbringen.

2.2 Leitfragen

Auf dem weiten Feld der Vorstellungsforschung sind in diesem Beitrag die folgenden Fragen leitend:

- Was sind Vorstellungen? Oder besser: Was wird unter Vorstellungen verstanden?
- Wie können Vorstellungen erschlossen werden?
- Welche Theorien werden hauptsächlich in der Vorstellungsforschung genutzt?
- Wie kann eine Theorie Verstehen erklären und Schwierigkeiten voraussagen?

2.3 Diskurs

2.3.1 Lernende verfügen über Vorstellungen zu vielen Themen

Wer heute Vorstellungsforschung betreibt, steht auf den Schultern vorangegangener Forscher und kann weiter sehen als diese. Dazu müssen wir noch nicht einmal die Vorgänger zu Riesen erklären, wenngleich einige darunter sind. Ein kurzer Rückblick in die Geschichte der Vorstellungsforschung mag hier genügen.

Forschung zu *misconceptions* (Falsch- oder Fehlvorstellungen) gibt es seit Anfang des vorigen Jahrhunderts. Hancock (1940) verweist schon auf eine 25-jährige Forschungstradition. Hancock definierte *misconceptions* als unbegründeter Glaube und grenzte sie vom Aberglauben ab. Er sammelte Äußerungen zu *misconceptions* im Sekundarstufenunterricht, (populären) naturwissenschaftlichen Texten, vorausgegangenen Studien, Zeitschriften und Radiosendungen. Die so entstandene Liste von 292 Aussagen legte er 53 qualifizierten Naturwissenschaftslehrpersonen vor, die sie auf einer fünfteiligen Skala von „sehr wichtig“ bis „unwichtig“ einschätzten. Danach wurden besonders gesundheitlich relevante *misconceptions* als sehr wichtig eingeschätzt. Die drei ranghöchsten Aussagen mögen einen Eindruck liefern:

- „Veneral diseases can be successfully treated at home with 'drug store remedies'."
- „All diseases require drugs (medicine) for their cure."
- „Syphilis will cure itself if permitted to run its course." (Hancock 1940, S. 211)

Diese Form der Vorstellungsforschung ist empirisch, sie ist methodisch kontrolliert und sie zielt auf den Forschungsgegenstand *misconceptions* und deren Relevanz für fehlleitendes Denken und Handeln. Damit wird eine biologische Schreckenskammer gefüllt, die gesundheitsrelevante *misconceptions* nach vorne stellt und die naturgeschichtlichen weiter nach hinten. Aber zu den tatsächlich verfügbaren Vorstellungen wurden weder die Lernenden noch die Lehrpersonen befragt. Ein förderlicher Unterricht soll zwar Abhilfe schaffen, aber der wird von Hancock (1940) weder beschrieben noch auf seine Wirksamkeit untersucht.

Am Anfang der Vorstellungsforschung, wie wir sie heute kennen, fliegt ein Sputnik. 1957 gelang es der Sowjetunion, den ersten künstlichen Erdsatelliten in eine Umlaufbahn zu schießen. Für die Sowjets ein Triumph, für die US-Amerikaner ein Schock. In den USA wurden deshalb die finanziellen Mittel für die Rüstung und die Bildung, vor allem die naturwissenschaftliche Bildung erhöht. In Deutschland führte dies 1966 zur Gründung des IPN, des Instituts für die Pädagogik der Naturwissenschaften.

Der naturwissenschaftliche Unterricht wurde reformiert, Wissenschaftler und Pädagogen arbeiteten innovative Unterrichtskonzepte und Curricula aus. Diese wurden hauptsächlich an der Struktur des Faches orientiert. Etwas vereinfacht nach dem Motto: Man muss es den Lernenden nur richtig sagen, dann verstehen sie das auch. Aber schon bald stellte sich heraus, dass die Lernergebnisse enttäuschend waren. Die nachunterrichtlichen Vorstellungen der Lernenden waren den vorunterrichtlich verfügbaren Vorstellungen ähnlich und die angezielten wissenschaftlichen Vorstellungen wurden von unerwartet wenigen gelernt, wie sich in der nun stärker entwickelnden Vorstellungsforschung zeigte. In dem Berichtsband zur ersten internationalen Tagung zu *misconceptions* (Helm und Novak 1983), dem noch weitere folgten, wurde schon ein beeindruckender Stand der Vorstellungsforschung deutlich. Es wurden Ergebnisse vorgestellt, die heute noch gültig sind.

Das Wort *misconceptions,* welches die international besuchte Tagungsserie im Titel führt, nahm eine gegenüber Hancock (1940) neue Bedeutung an. Es bezog sich nun auf empirisch erschlossene Vorstellungen, die vom Stand der Wissenschaft abweichen. Der Terminus geriet aber in die Kritik, weil er von vornherein den Forschungsgegenstand Vorstellungen (ab)wertend bezeichnete. Termini wie *alternative conceptions* oder *alternative frameworks* sollten diese Voreingenommenheit vermeiden (Wandersee et al. 1994).

Das neue an diesen Befunden ist die Lernerorientierung. Forschungsgegenstand sind die Vorstellungen der Lernenden in ihrer Vielfalt. Was vorher nur Vermutung war, wurde nun zum empirischen Befund: Lernende kommen nicht als unbeschriebene Blätter in den Unterricht, sie verfügen über vorunterrichtliche Vorstellungen zu vielen Themen der Naturwissenschaften (Duit 2009). Deren Bedeutung für Lernen und Lehren zeigt sich im Diktum des pädagogischen Psychologen Ausubel: „The most important single factor influencing learning is what the learner already knows. Ascertain this and teach him accordingly" (1968, S. vi). Diese Idee war nicht völlig neu, wie ein Satz des Pädagogen Diesterweg (1850, S. 213) zeigt: „Ohne die Kenntniß des Standpunktes des Schülers ist keine ordentliche Belehrung desselben möglich."

Methodisch verdankt die Vorstellungsforschung Jean Piaget viel. Er ging von dem in der Psychiatrie üblichen klinischen Interview aus. Darin werden aus einem Leitfaden vorgegebene Fragen gestellt, von der interviewten Person frei beantwortet und vom Interviewer diagnostisch beurteilt. Diese Methode adaptierte er für seine Untersuchungen, indem er (praktische) Aufgaben stellte, die Ausführung beobachtete und den Kindern Gelegenheit gab, darüber zu sprechen (Ginsburg und Opper 1998, S. 122 ff.). Neben dem leitfadengestützten, offenen Interview, das als Königsweg zur interpretativen Erschließung von Vorstellungen angesehen wird, verfügen wir heute über weitere tiefschürfende Methoden, beispielsweise Schreiben, Zeichnen und Konzeptkarten *(concept maps)*. In allen Fällen werden von den Probanden Vorstellungen bezeichnet – entweder mit Worten oder mit Zeichen.

2.3.2 Vorstellungen sind eigenständig konstruiertes mentales Erleben

Was sind Vorstellungen? Oder besser: Was wird unter Vorstellungen verstanden? Dieser Frage möchte ich mich über die Erkenntnistheorie des Konstruktivismus nähern. Ich gehe von unseren – allen gemeinsamen – lebensweltlichen Vorstellungen aus: Nehmen wir an, da steht ein Baum, und wenn ich dahin gucke, dann sehe ich den. Lebensweltlich bin ich überzeugt, dass die Dinge existieren und so gesehen werden, wie sie sind. Diese lebensweltliche Grundüberzeugung lässt sich als ontologischer (seinsmäßiger) Realismus (die Dinge existieren) und epistemologischer (erkenntnistheoretischer) Realismus (sie werden so gesehen, wie sie sind) kennzeichnen. Tatsächlich hätten die Naturwissenschaften ohne den ontologischen Realismus ihren Forschungsgegenstand verloren, aber der epistemologische Realismus ist aus neurobiologischer Sicht höchst fragwürdig, was sich auch an der visuellen Wahrnehmung zeigt.

Visuelle Wahrnehmung stellt sich prinzipiell wie folgt dar: Ein adäquater Reiz, d. h. elektromagnetische Strahlung bestimmter Wellenlängen, die vom Baum ausgeht, löst Erregungen der Sinneszellen im Auge aus (Transduktion). Die Erregungen, d. h. die Spannungsänderungen an Nervenzellen und die Transmitterausschüttungen, sind dabei von völlig anderer Qualität als die Reize. Im Gehirn macht allein Erregung einen Unterschied, aber nicht elektromagnetische Strahlung, Druck oder die Erzitterung der Luft. Noch dazu gibt es immer nur diese Formen der Erregung, ganz gleich, durch welche Reize sie ausgelöst wurden. Erregungen sind neutral und eben nicht spezifisch für einen bestimmten Reiz. Die Erregungen werden weitergeleitet und führen zur Erregung bestimmter Hirnareale. Sind dort bestimmte Neuronenensembles oder Neuronenpopulationen erregt, so ist dies eng verknüpft mit einem bestimmten mentalen Erleben, hier des Baumes. Das mentale Erleben ist nur schwach mit der Welt der Reize verknüpft und ist nicht wahr in dem Sinne, dass es den Reizen oder Objekten entspräche, es ist aber meist brauchbar (viabel), verlässlich und nützlich für das Überleben. Die Welt der Erregungen und die Welt der Reize und Objekte bleiben uns verschlossen. Von dem gesamten Vorgang der Wahrnehmung ist uns nur das mentale Erlebnis zugänglich. Wahrnehmung ist somit das durch Reize angeregte mentale Erleben. Drei Welten sind damit im Zusammenhang mit Wahrnehmung zu unterscheiden: die Welt der mentalen Erlebnisse, die Welt der Erregungen und die Welt der Reize (Gropengießer 2007a).

Das mentale Erlebnis eines Baumes kann aber auch ohne den Wahrnehmungsprozess oder genauer, ohne den Reiz, erzeugt werden. Dann erlebt man den hier als Beispiel dienenden Baum oft weniger detailliert, beispielsweise nicht so farbig, aber mit der Möglichkeit, hineinzuzoomen oder sich die Verzweigung eines Astes vorzustellen oder die Blätter am Ast sitzen zu sehen. Die Erregungen der Neuronenpopulationen sind ähnlich denen, die bei der Wahrnehmung eines Baumes aktiv sind. Beides – Wahrnehmungen wie Vorstellungen – sind damit subjektive gedankliche Prozesse. Vorstellungen können somit als mentales Erleben verstanden werden. Dieses wird begleitet von einem Muster neuronaler Aktivität, das autonom angeregt werden kann. Diese Selbstreferentialität des Gehirns bringt Vorstellungen hervor, die nicht immer vorhanden, aber verfügbar sind, wenn die entsprechenden Neuronenpopulationen aktiviert werden. Das Konstruieren mancher Vorstellungen braucht durchaus Zeit, denn Vorstellungen sind selbstgesteuerte Konstruktionen. Deutlich wird damit aber auch: Vorstellungen können weder aufgenommen noch weitergegeben werden, weil Nervensysteme aus neurobiologischer Sicht semantisch geschlossen sind, denn bei der Transduktion in Sinneszellen bleibt von den Reizen nur die neuronale Erregung. Vorstellungen können nur vom Individuum gebildet, das heißt, konstruiert werden.

Vorstellungen sind als Konstruktionen und damit zunächst als Prozesse zu denken. Die Konstrukte, also das, was üblicherweise als Vorstellung beschrieben wird, sind nur für kurze Zeit vorübergehend denkbar und dann flüchtig. Jede weitere zum selben Thema konstruierte Vorstellung ist oft ähnlich, aber selten genau gleich.

2.3.3 Vorstellungen können interpretativ erschlossen werden

Wahrnehmungen und Vorstellungen sind subjektive gedankliche Prozesse, die nur dem Individuum zugänglich sind, denn die Gedanken sind frei. Zudem sind Nervensysteme semantisch geschlossen – und das gilt auch für das Nervensystem der Vorstellungsforscher. Wie können dann Vorstellungen empirisch erfasst werden?

Die zunächst enttäuschende Antwort ist: Vorstellungen anderer Personen können nicht erfasst werden, sie können auch nicht auf ein Blatt Papier geschrieben werden. Was erfasst werden kann, sind die Äußerungen einer Person. Wörter, Sätze, Gesten oder

Mimik können aufgezeichnet werden, heute oft durch Videografie. Diese Äußerungen können als Zeichen interpretiert werden, die auf das mentale Erleben einer Person deuten, also auf deren Vorstellungen, Absichten, Wünsche, Überzeugungen, Fantasien und Gefühle. Sind Vorstellungen, also Ideen und Denkprozesse anderer Menschen der Forschungsgegenstand, werden sie aus deren Äußerungen zu einem bestimmten Sachverhalt interpretativ erschlossen. Fachdidaktiker konstruieren somit Vorstellungen von Vorstellungen. Bezogen auf den Sachverhalt liegt damit eine zweifache Interpretation vor, jedenfalls dann, wenn Vorstellungsbildung als konstruktiver, interpretativer Akt verstanden wird: Die befragten Personen bilden Vorstellungen über den Sachverhalt, die von forschenden Biologiedidaktikern interpretativ erschlossen werden.

Zu bestimmten Sachverhalten und Situationen werden schriftliche oder mündliche Äußerungen der Lernenden erfasst. Als Rohdaten sind diese Äußerungen beliebig variant. Sie werden für jede interviewte Person interpretativ erschlossenen und mit Blick auf die untersuchte Gruppe induktiv gebildeten Vorstellungskategorien zugeordnet, die typischerweise ausformuliert, benannt und manchmal auch zeichnerisch dargestellt werden. Die Kategorienbildung ist eine Form der Verallgemeinerung, die zu einer Nominalskala führt. Ergebnis einer Untersuchung sind die verschiedenen Ausprägungen der Vorstellungen zu einem naturwissenschaftlichen Gegenstandsbereich. Die Anzahl der gebildeten Lernervorstellungskategorien zu einem Gegenstandsbereich ist meist überschaubar und damit merkfähig, um diagnostisch für verstehendes Lernen im Unterricht wirksam werden zu können. Manchmal lassen sich die Vorstellungskategorien nach dem Kriterium „einfach"-„kompliziert" ordnen, also in eine hypothetische Reihenfolge bringen, und kommen dann einer Generalisierung als Ordinalskala nahe. Vorstellungen lassen sich auf diese Weise methodisch kontrolliert erschließen (Gropengießer 2008).

Die interpretative Methodik zur Erschließung von Vorstellungen lässt sich empirisch und theoretisch fundieren. Dazu ist es notwendig, einen Schritt über den Konstruktivismus hinauszugehen und die semantische Geschlossenheit des Gehirns zu relativieren. Denn immerhin sind Reiz und mentales Erlebnis zeitlich gekoppelt, also synchronisiert. Zudem leisten viele Sinnesorgane mit ihren akzessorischen Strukturen eine topologische Kopplung zwischen dem Ort des Reizes und dem Ort der Erregung auf der Hirnrinde. Beispielsweise modifizieren Hornhaut und Linse des menschlichen Auges die Reizkonstellation derart, dass alle von einem Punkt der Umgebung ausgehende elektromagnetische Strahlung, die das Auge erreicht, nur auf einen Punkt der Netzhaut trifft. Bei Fehlsichtigkeit kann deshalb eine Brille die Wahrnehmung verbessern.

Beobachtungen an Kleinkindern, die Bewegungen nachahmen oder sich von Emotionen anstecken lassen, sich Mitfreuen oder Mitleiden, sind schwerlich mit einer strikten semantischen Geschlossenheit zu vereinbaren. Die Entdeckung der Spiegelneurone liefert dazu ein neurobiologisches Argument. Spiegelneurone sind Nervenzellen, die bei der Wahrnehmung einer Handlung oder Emotion das gleiche Erregungsmuster zeigen wie bei deren eigener Ausführung oder Erleben. Als Teil eines größeren neuronalen Systems werden mit Spiegelneuronen das Nachempfinden oder auch Simulieren von Bewegungen und Handlungen anderer Menschen möglich. Spiegelneurone sind eine empirische Grundlage der Theory of Mind (ToM), die unsere Fähigkeit postuliert, sich selbst und anderen mentale Erlebnisse zuzuschreiben: Absichten, Wünsche, Überzeugungen, Gefühle und Wissen. Die ToM ist damit eine der Grundlagen unserer Arbeit als Vorstellungsforscher.

2.3.4 Lehrpersonen verfügen über ähnliche Vorstellungen wie Lernende

Betrachten wir zunächst eine exemplarische Schüleräußerung: „Vererbung bedeutet für mich, daß Eigenschaften der Eltern und Großeltern an Nachkommen weitergegeben werden" (Lerner, 9. Klasse; Frerichs 1999, S. 147). Daraus spricht eine alltägliche Erfahrung: Nachkommen sehen ihren Vorfahren ähnlich. Das Kinn ist von der Oma; sie hat das an ihre Tochter weitergegeben und diese wiederum an ihre Tochter. Aus lebensweltlicher Perspektive werden Merkmale und Eigenschaften also an die Nachkommen weitergegeben.

In einem Hochschullehrbuch zur Genetik ist zu lesen: „Ungefähr zur gleichen Zeit, als man die Chromosomentheorie der Vererbung aufstellte, begannen Forscher die Vererbung von Merkmalen bei der Taufliege *Drosophila melanogaster* zu untersuchen" (Klug et al. 2007, S. 7). Dieser Satz verweist erstens auf die Chromosomentheorie, die vor mehr als hundert Jahren aufgestellt wurde und besagt, dass die Chromosomen die materiellen Träger der Vererbung sind. Es werden Chromosomen (oder auch DNA, Gene) weitergegeben, aber keine Eigenschaften oder Merkmale, wenn man die funktionierende Eizelle zunächst vernachlässigt. Im selben Satz ist dann aber auch noch von der Vererbung von Merkmalen die Rede. Es müsste wissenschaftlich korrekt heißen: [...] begannen Forscher **das Auftreten von Merkmalen im Erbgang** bei der Taufliege *Drosophila melanogaster* zu untersuchen. Wissenschaftler haben eben auch nur Vorstellungen. Einige sind empirisch, methodisch und theoretisch fundiert, wir nennen sie dann wissenschaftliche Vorstellungen. Andere, wie die oben zitierte von der Vererbung von Merkmalen, sind erfahrungsbasiert, wir nennen sie dann lebensweltliche Vorstellungen. Wissenschaftliche Vorstellungen sind oft kontraintuitiv, lebensweltliche Vorstellungen sind intuitiv und von unbefragter Vertrautheit. Das zeigt:

1. Auch Experten verfügen noch über lebensweltliche Vorstellungen. Wissenschaftlervorstellungen sind nicht immer wissenschaftliche Vorstellungen. Die Chromosomentheorie ersetzt weder die lebensweltliche Vorstellung noch löscht sie diese aus.
2. Personen können sich diametral widersprechende Vorstellungen denken, ohne dass ihnen das auffällt. Im obigen Beispiel gelingt das sogar in einem Satz.
3. Wenn es um Vorstellungen geht, deren Vermittlung Ziel des Lernens ist, kann man sich auf Quellen – und seien es wissenschaftliche – nicht verlassen. Eine fachliche Klärung (Kattmann et al. 1997) ist notwendig, und dafür ist die Vorstellungsforschung ein adäquates und unentbehrliches Werkzeug.

Ein wichtiges Ergebnis der Vorstellungsforschung ist der vielfach bestätigte Befund, dass viele der lebensweltlichen Vorstellungen, mit denen Lernende in den Unterricht kommen, sich allgemein bei Menschen finden lassen, ganz gleich welchen Alters, welcher Fähigkeit, welchen Geschlechts oder aus welcher Kultur sie sind (Wandersee et al. 1994). Bezieht man dies speziell auf Lehrpersonen, erwächst daraus eine weitere Kränkung der Menschheit: Nach der kosmologischen Kränkung durch Kopernikus (die Erde ist nicht der Mittelpunkt der Welt), der biologischen Kränkung durch Darwin (der Mensch ist auch nur ein Tier), der psychologischen Kränkung durch Freud (ein beträchtlicher Teil unseres geistigen Lebens ist uns nicht zugänglich), nun auch noch die pädagogische Kränkung durch die Vorstellungsforschung (Lehrpersonen verfügen über ähnliche Vorstellungen wie ihre Lernenden). Diese Kränkung erweist sich aber für das Lehren und Lernen von unschätzbarem Vorteil. Lehrpersonen können die Vorstellungen der Lernenden antizipieren – wenn sie denn die Forscherrolle einnehmen.

2.3.5 Theorien leiten die Vorstellungsforschung

Die fachdidaktischen Forschungen zu Schülervorstellungen und dem Lernen naturwissenschaftlich angemessener Vorstellungen orientieren sich an diversen Theorien, die den jeweiligen Untersuchungen ihren stützenden Rahmen *(theoretical framework)* geben. Die Theorien werden bisher aus anderen Wissenschaftsbereichen entlehnt und entsprechend adaptiert. Je nach gewählter Theorie können nur bestimmte Forschungsfragen gestellt und Forschungsziele in den Blick genommen werden.

Jean Piaget erforschte die Entwicklung der Erkenntnisfähigkeit im Lebenslauf (genetische Epistemologie). Seine Theorie der Entwicklungsstufen und vor allem seine Unterscheidung von Akkommodation und Assimilation lieferten Anregungen für Forschungen zu Vorstellungsänderungen *(conceptual change)*. Mit dieser entwicklungspsychologischen theoretischen Rahmung kommen aufseiten der fachdidaktischen Forschung und Unterrichtsplanung der schrittweise Erwerb von Vorstellungen und die Entwicklung des Verstehens in Abhängigkeit von der individuellen Reife in den Blick.

In der Lernpsychologie wird das Auswendiglernen vom Vorstellungslernen unterschieden. Beispielsweise kann man die Fotosynthesegleichung auswendig lernen und wiedergeben. Aber wenn man die Fotosynthesegleichung verstanden hat, kann man die Frage beantworten, woher die Masse eines Baumes hauptsächlich kommt – nämlich aus dem Kohlenstoffdioxid. Vorstellungslernen ist verstehendes Lernen, und dafür sind die verfügbaren Vorstellungen grundlegende Voraussetzungen und Ansatzpunkte, aber auch Stolpersteine. Entscheidend für die Entwicklung von angemessenen wissenschaftlichen Vorstellungen ist deshalb, was die Lernenden zu einem bestimmten Bereich bereits denken und verstehen können und nicht – was ihnen fehlt. Dies war der Ausgangspunkt für das fachdidaktische Forschungsprogramm zu Untersuchungen bereichsspezifischer *(domain-specific)* Vorstellungen. Heute liegen zu vielen Themen empirische Untersuchungen vor, mit Befunden zu Alltagsvorstellungen oder Lernausgangslagen sowie Lernmöglichkeiten, Lernschwierigkeiten und Lernergebnissen. Dies bezieht sich nicht nur auf Schüler, vielmehr werden auch Lehrpersonen und Wissenschaftler, also alle Lernenden, einbezogen.

In den Befunden zu inhaltsspezifischen Vorstellungen zeigt sich, dass die lebensweltlichen Vorstellungen den wissenschaftlichen Vorstellungen aus den Anfängen einer Wissenschaft ähnlich sind. Dieser Befund legt es nahe, den Vorgang des Theoriewechsels in einer Wissenschaft als Modell für individuelle Vorstellungsänderungen zu betrachten. Theoriewechsel werden von der Wissenschaftsgeschichte, -soziologie, -philosophie oder -theorie untersucht, vor allem solche, die zum Austausch des harten theoretischen Kerns einer Naturwissenschaft gegen einen neuen führen. Posner et al. (1982) sehen hier Analogien zwischen solchen Paradigmenwechseln und radikalen Vorstellungsänderungen beim Lernen und formulierten dazu Gelingensbedingungen: die Unzufriedenheit mit den verfügbaren Vorstellungen, Verständlichkeit, Plausibilität und Fruchtbarkeit der neuen Vorstellung.

Weitere wichtige Fortschritte kamen von Seiten einer neurobiologisch informierten Erkenntnistheorie, nämlich dem Konstruktivismus und dessen lerntheoretischen Konsequenzen. Danach sind Vorstellungen selbstgesteuerte Konstruktionen. Vorstellungen und Verständnisse können weder aufgenommen noch weitergegeben werden. Vorstellungen können nur selbst konstruiert werden, sie können aber angeregt werden.

Aus den Kognitionswissenschaften, speziell der kognitiven Linguistik ist die Theorie des erfahrungsbasierten Verstehens (TeV) entlehnt (Gropengießer 2007b). Darin wird grundlegend die Entstehung der Begriffe, Schemata und Vorstellungen – also letztlich unseres kognitiven Systems – aus der Erfahrung und Wahrnehmung erklärt. Das ist die spezifische Theorie der verkörperten Kognition *(embodied cognition)*. Darauf bauend wird das Verstehen abstrakter Dinge durch imaginative Übertragung von einem meist verkörperten Ausgangsbereich auf einen abstrakten Zielbereich erklärt. Dies entspricht der gedanklichen Metapherntheorie *(conceptual metaphor theory)*. Weil Denken (Kognition), das sich im Sprechen ausdrückt, als primär angesehen wird, kann die Untersuchung der verwendeten Metaphern tiefe Einsicht in die Verstehensprozesse liefern (Lakoff und Johnson 1999).

2.3.6 Vorstellungslernen kann erklärt und vorausgesagt werden

Die lebensweltlichen Vorstellungen zur Vererbung als Weitergabe von Merkmalen finden sich bei Lernenden, bei Schulbuchautoren und bei Wissenschaftler. Darin zeigt sich eine zähe Resistenz der verfügbaren Vorstellungen gegenüber unterrichtlichen und sogar universitären Bildungsprozessen. Mit der TeV kann das Lernen naturwissenschaftlich angemessener Vorstellungen beschrieben und erklärt werden. Zudem können schwierige Verstehensprozesse vorausgesagt werden.

Um das Denken der Vererbung als Weitergabe von Merkmalen zu analysieren, ist ein Blick auf die Genese der Weitergabevorstellung hilfreich. Die Vorstellung der Weitergabe entspringt wiederholten Interaktionen eines Individuums mit der gegenständlichen und sozialen Umwelt: Schon kleine Kinder nehmen etwas aus der Hand der Mutter entgegen und geben manchmal auch etwas zurück. Die sich aus diesen Erfahrungen konstituierende gedankliche Struktur besteht mindestens aus drei Elementen: Geber, Gabe und Nehmer. Dieses Geber-Gabe-Nehmer-Schema oder Weitergabeschema wird metaphorisch genutzt.

Eine Metapher nutzt die gedankliche Struktur eines Ursprungsbereichs (hier: Weitergabe), um den meist abstrakten Zielbereich (hier: Vererbung) zu verstehen. Die gedankliche Struktur eines Ursprungsbereichs (Geber-Gabe-Nehmer-Schema) wird auf den Zielbereich (Vererbung) projiziert (Abb. 2.1). Dabei ist die von der Metapher geleistete Übertragung, die imaginative Projektion, primär gedanklich, sie findet lediglich ihren Ausdruck in den sprachlichen Äußerungen. Metaphern sind hier also kognitive Verstehenswerkzeuge und nicht nur rein sprachliche Ausschmückungen. Deshalb wird diese Metapherntheorie auch als „gedanklich" oder „kognitiv" gekennzeichnet. Das Weitergabeschema wird für viele abstrakte Vorgänge metaphorisch genutzt, beispielsweise für die Vorstellung einer Weitergabe von Wissen oder Gedanken – eine lebensweltliche Vorstellung, die aus didaktischer Sicht fehlleitet.

Sowohl bei der lebensweltlichen als auch bei der wissenschaftlichen Vorstellung wird das Geber-Gabe-Nehmer-Schema verwendet. Nur werden zum einen Merkmale und zum anderen Chromosomen oder auch DNA und Gene metaphorisch weitergegeben. Aber warum werden bei der Vererbung so häufig bei der imaginativen Projektion (Abb. 2.1) die Merkmale oder Eigenschaften anstelle der Chromosomen gedacht? Nun, die

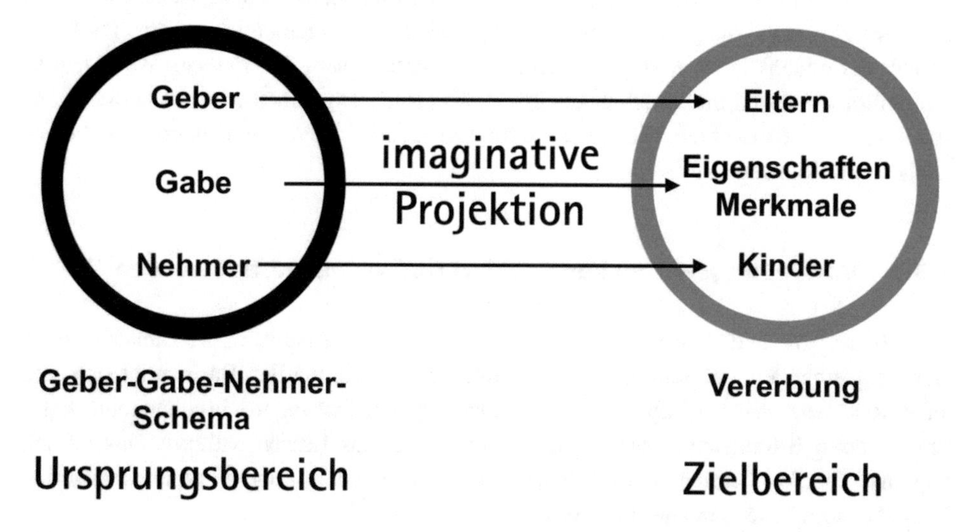

Abb. 2.1 Lebensweltliches metaphorisches Verstehen der Vererbung. Die Struktur des Ursprungsbereichs wird imaginativ auf den Zielbereich projiziert. Beim wissenschaftlichen Verstehen der Vererbung werden Eigenschaften und Merkmale durch Chromosomen, DNA oder Gene ersetzt

Eigenschaften und Merkmale sind lebensweltlich erfahrbar und wahrnehmbar, während Chromosomen oder DNA nur mit chemischen und technischen Hilfsmitteln im wissenschaftlichen Kontext erfahrbar sind. Deshalb liegt uns kognitiv eine Nase oder ein Kinn näher als ein Chromosom.

Lebensweltlich ist überhaupt nur ein kleiner Ausschnitt aus der Realität für uns erfahrbar. Vollmer (1984) hat dazu den Mesokosmos, die ontologische Welt, in der wir leben, vom Makrokosmos und Mikrokosmos geschieden. Damit lässt sich voraussagen, was schwierig zu verstehen ist: alles, was nicht lebensweltlich erfahrbar, also kleiner als die Haaresbreite ist oder weiter als bis zum Horizont reicht, leichter als eine Feder oder schwerer als ein Elefant ist, also außerhalb des Mesokosmos liegt – damit haben wir Verstehensschwierigkeiten.

2.3.7 Verfügbare Vorstellungen können aktiviert werden

Vorstellungen sind mentales Erleben. Auf welche unterschiedliche Weise kann es nun dazu kommen, dass die Vorstellung der Weitergabe aktiviert wird?

1. Ich gebe tatsächlich etwas weiter (Verschränkung von Handlung und Wahrnehmung).
2. Ich sehe, dass jemand etwas weitergibt (Wahrnehmung).
3. Ich denke zufällig daran, etwas weiterzugeben (Denken).
4. Ich höre oder lese „weitergeben“ (Wort).
5. Ich höre oder lese „nicht weitergeben“ (Wortnegation).
6. Ich höre oder lese „Merkmale oder Chromosomen werden weitergegeben“ (Metapher).
7. Ich höre oder lese das Wort „erben“ (anderes Wort).

Je nachdem, wie das Schema der Weitergabe aktiviert wird, werden unterschiedlich deutliche Vorstellungen davon erzeugt. Situation 1 ist eine weitere wiederholte Erfahrung, mit der das Schema ursprünglich generiert wurde. Bei Situation 2 genügt schon die Wahrnehmung, bei Situation 3 kann das Schema selbstreferentiell erzeugt werden. In der Situation 4 – wie auch bei allen folgenden Situationen – wird das Weitergabeschema sprachlich hervorgerufen. Selbst im Falle einer Verneinung (Situation 5) stellen wir uns die Weitergabe vor. Bei einer metaphorischen Verwendung (Situation 6) nutzen wir das Schema ohne großen kognitiven Aufwand zum Verstehen eines wissenschaftlichen Vorgangs. Eine solche Metapher bewusst zu machen, sie zu analysieren, wie das exemplarisch in Abb. 2.1 geschieht, ist deutlich schwieriger. Wer etwas erbt (Situation 7), bekommt etwas von einem Verstorbenen. Damit wird das Schema der Weitergabe aktiviert. Auch wenn es sich um einen speziellen Fall handelt, sind alle Elemente des Geber-Gabe-Nehmer-Schemas vorhanden.

Didaktisch interessant sind Situationen, bei denen Wörter eine vom Sprecher intendierte Vorstellung hervorrufen sollen. Eine grundlegende Voraussetzung ist dabei, dass es sich um Sprechende der deutschen Sprache handelt. Eine weitere Voraussetzung sind Wörter, die verkörperte Erfahrungen bezeichnen und direkt verstanden werden. Wörter für abstrakte Vorgänge lösen bei unterschiedlichen Personen diverse Vorstellungen aus. Dies mag die folgende Übung verdeutlichen.

Aufgabe: Lesen Sie das erste Wort im Kasten und schließen Sie dann Ihre Augen. Achten Sie auf Ihr mentales Erlebnis, Ihre Vorstellung. Wiederholen Sie diese Vorgehensweise mit jedem der folgenden Wörter.

geben	stehen	springen	Baum	Hund	Haus	ATP	Chromosom

Wie Sie bei Durchführung der Übung vermutlich erlebt haben, rufen einige Wörter eine deutliche Vorstellung hervor, sie sind direkt verständlich. Die letzten beiden Wörter rufen nur bei Experten eine klare und biologisch haltbare Vorstellung hervor. Alle Personen werden versuchen, Vorstellungen auf der Grundlage ihres jeweils verfügbaren Wissens zu konstruieren.

Die Frage „Habt ihr das verstanden?“ hilft kaum weiter. Denn woher sollen Lernende wissen, welche Bedeutung das Wort „Chromosom“ annehmen soll. Besser wären Fragen wie: „Was stellt ihr euch darunter vor?“ Noch besser wäre es, beispielsweise ein menschliches Karyogramm vorzulegen und die Aufgabe zu stellen „Wie viele DNA-Stränge sind darauf zu sehen?“. Nach einer individuellen Lösungsphase können in Kleingruppen die Lösungen (92 oder 184) diskutiert werden, bis hin zu der Frage, ob denn die DNA als Makromolekül überhaupt zu sehen ist.

2.3.8 Vorstellungsänderungen werden durch Lernangebote angeregt

Mit der TeV können nicht nur Verstehensprozesse erklärt und Lernschwierigkeiten vorausgesagt werden, es können auch didaktische Entscheidungen begründet und unterrichtliche Lernangebote grundlegend kategorisiert werden. Dabei geht es allgemein um die Frage, wie lehrt und lernt man einen biologischen Sachverhalt zu verstehen?

Eine Kategorie von Lernangeboten wurde bereits am Beispiel der Wörter dargestellt, die Vorstellungen hervorrufen können. Allgemein fallen Wörter und Termini unter die Kategorie der Zeichen. Zeichnungen wie in Abb. 2.1 sind ebenfalls Zeichen, ebenso wie Gesten oder Mimik. Mit diesen Zeichen können Vorstellungen bezeichnet werden.

Eine zweite Kategorie von Lernangeboten bilden die Erfahrungen, die mit dem Unterrichtsgegenstand möglich sind und gestiftet werden können. Zum Beispiel können Zwiebelwurzelspitzen mikroskopiert werden. Ersatzweise können auch Mikrofotografien oder -videografien eingesetzt werden. Aus der Perspektive des Lehrens geht es dabei um Erfahrungsstiftung (aus zweiter Hand) am wissenschaftlichen Gegenstand. Dabei ist immer zu beachten, was Lernende bereits wissen müssen, um diesen Sachverhalt verstehen zu können (fachliche Rahmung). Daten aus zweiter Hand stiften oftmals eine deutlichere oder zumindest besser planbare Erfahrung als die Primärerfahrung. Dennoch ersetzen sie eine authentische Erfahrung nie vollständig. Zudem müssen die Mikrofotografien oder Karyogramme erschlossen werden. Dies geschieht durch Vorstellungen, die bezeichnet werden, indem Fragen wie die Folgenden bearbeitet und diskutiert werden: Wie wurde das Karyogramm hergestellt? Wozu wird Colchicin zugefügt? Wo befinden sich die Chromosomen bevor sie sichtbar werden? Erfahrungen stiften und Vorstellungen bezeichnen, diese beiden Kategorien von Lernangeboten werden kombiniert, um die Vorstellungsbildung anzuregen. Vorsicht ist allerdings bei dem Wort Erfahrung geboten. Erfahrung im Sinne der TeV meint die unmittelbare Begegnung mit der Wirklichkeit und nicht eine Erinnerung, die geäußert wird.

Aus einer professionellen Lehrperspektive ist zu beachten, dass fachlich richtige Fachwörter oder Termini, die Lernende äußern, nicht notwendigerweise ein Beleg dafür sind, dass sie auf den von der Lehrperson intendierten Begriff gekommen sind. Denn Missverstehen ist die Regel. Erst nach einer Konversation, dem gemeinsamen Drehen und Wenden eines Sachverhalts, kann eine Lehrperson aus den geäußerten Sätzen und Aussagen des Lernenden auf eine Vorstellungsbildung schließen, die der intendierten nahe kommt. Die professionelle Unterscheidung von Zeichen und Vorstellungen ist deshalb notwendig. Wörter, Fachwörter oder Termini sind Zeichen, Begriffe und Konzepte dagegen Vorstellungen (Tab. 2.1).

Eine dritte Kategorie von Lernangeboten nimmt die Vorstellungen selbst in den Blick und setzt an den basalen Schemata an. Das hier verwendete Schema (z. B. Weitergabe) kann konkret inszeniert werden, indem ein Gegenstand zwischen zwei Personen tatsächlich weitergegeben wird. Dadurch wird das Geber-Gabe-Nehmer-Schema wieder erfahren und in seinen Elementen erkennbar. Anschließend werden Bezüge zur Vererbung hergestellt. Dabei kann der naheliegende Widerspruch deutlich werden, dass der Geber (Elter) seine Nase oder sein Kinn ja noch hat und damit nicht weitergegeben haben kann. Diese Kategorie von – durch die TeV begründeten – Lernangeboten heißt Schemata reflektieren. Für deren Wirksamkeit liegen empirische Befunde vor (z. B. Niebert und Gropengießer 2014; Riemeier und Gropengießer 2008).

Tab. 2.1 Komplexitätsebenen von Vorstellungen mit ihren korrespondierenden Zeichen und Bezugsobjekten

Sprachlicher Bereich Zeichen	Gedanklicher Bereich Vorstellungen	Referentieller Bereich Bezugsobjekte
Aussagengefüge, Darlegung	Theorie	Wirklichkeitsbereich
Grundsatz	Denkfigur	Wirklichkeitsaspekt
Behauptung, Satz, Aussage	Konzept	Sachverhalt
Terminus, (Fach-)Wort, Bezeichnung, Benennung	Begriff	Objekt, Ding, Prozess, mentales Erlebnis

2.4 Fazit

Vorstellungen können über einen erkenntnistheoretischen Zugang besser verstanden werden. Sie rücken damit nahe an Wahrnehmungen und unterscheiden sich von diesen dadurch, dass sie auch ohne die entsprechende Reizumwelt eigenständig konstruiert werden können. Vorstellungen sind damit eine Klasse kognitiver mentaler Erlebnisse (Abb. 2.2). Sie sind der Person eigen und können nicht an eine Tafel geschrieben werden. Was geäußert werden kann, sind Zeichen, also Wörter, Gesten oder Zeichnungen. In diesem Sinne können Vorstellungen bezeichnet werden. Von solchen Äußerungen auf die Vorstellungen anderer zu schließen, bedarf einer methodisch kontrollierten Interpretation. Für die Erschließung der Vorstellungen und für das Lernen naturwissenschaftlich angemessener Vorstellungen sind die stützenden theoretischen Rahmen gezielt auszuwählen. Wenn verstehendes Lernen und nicht Auswendiglernen oder Bewegungslernen angezielt wird, ist eine Verstehenstheorie adäquat. Die TeV bietet eine Theorie zur Genese unseres kognitiven Systems und eine damit verknüpfte Theorie zum Verstehen abstrakter Ideen an. Daraus leiten sich drei grundsätzliche Kategorien von Lernangeboten ab: Vorstellungen bezeichnen, Erfahrungen stiften und Schemata reflektieren. Erfahrungen werden mit Bezugsobjekten gemacht, die in der Linguistik *Referenten* genannt werden. Diese Bezugsobjekte begegnen uns in drei ontologischen

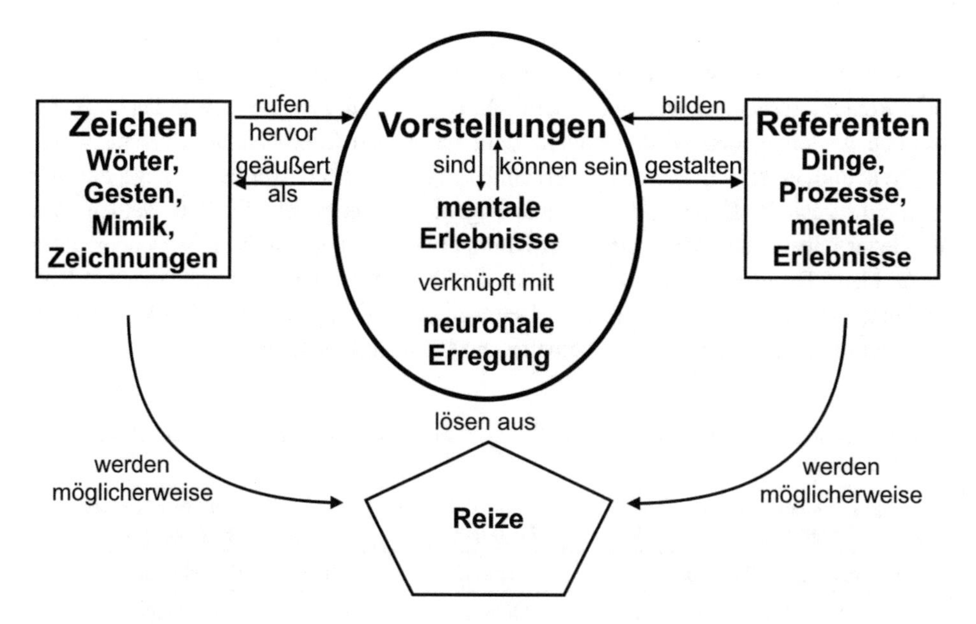

Abb. 2.2 Vorstellungen stehen im Fokus zweier Achsen, zum einen der erkenntnistheoretischen Achse mit den drei Welten der Wahrnehmung (Reize, neuronale Erregung und mentale Erlebnisse), zum anderen der didaktischen Achse mit den drei professionellen Unterscheidungen (Zeichen, Vorstellungen und Referenten)

Kategorien: Dinge, Prozesse und mentale Erlebnisse (Chi und Slotta 1993). Beim verstehenden Lernen und Wissen stehen Vorstellungen im Fokus (Abb. 2.2).

2.5 Ausblick

Das intentionale Konstruieren biologisch angemessener Vorstellungen, diese besondere Form des Lernens ist hoch bereichsspezifisch. Für viele Themen liegen Befunde zu Lernausgangslagen vor, deren tiefere Bedeutung aber erst im Lichte einer Verstehenstheorie erkennbar wird. Zu förderlichen Lernangeboten liegen deutlich weniger Befunde vor, die theoretisch fundiert entworfen und empirisch auf ihre Wirksamkeit geprüft wurden.

Bislang steht diese Form der genuin biologiedidaktischen Forschung zum inhaltspezifischen Lernen und Lehren im Verdacht mangelnder Verallgemeinerbarkeit. Die Befunde sind eben nur inhaltsspezifisch. Anstatt an biologischen Themen allgemeindidaktische oder pädagogische Befunde zu generieren, sollte mutig ein Projekt mit möglichst breiter Beteiligung gut vorbereitet angegangen werden, welches evidenzbasiertes Lernen und Lehren biologischen Wissens zum Ziel hat und möglichst alle großen Ideen der Biologie einbezieht. Orientiert am Forschungsprogramm der *didaktischen Rekonstruktion* (Kattmann et al. 1997) wie auch an der Vorgehensweise des *design based research* (Design-Based Research Collective 2003) und geleitet von der *Theorie des erfahrungsbasierten Verstehens* (Gropengießer 2007b) lassen sich dazu interdependente und rekursiv zu bearbeitende Forschungsfragen formulieren:

1. Welches sind die bildungsrelevanten Kernaussagen des Themas?
2. Über welche Vorstellungen verfügen Lernende bereits zu diesem Thema?
3. Welche bereichs- und themenspezifischen inhaltlichen Lernschwierigkeiten treten auf?
4. Zu welchen Vorstellungen führen theoriegeleitet entwickelte Lernangebote?

Mit einem so ausgerichteten Projekt können sowohl förderliche Lernangebote und Lernwege entwickelt, wie auch lokale Theorien des Lehren und Lernens aufgestellt werden. Damit können die Früchte biologiedidaktischer Vorstellungsforschung geerntet und der Biologieunterricht kann deutlich effektiver als bisher werden.

Anmerkungen

1. Aus Gründen der leichteren Lesbarkeit wird auf die geschlechtsspezifische Unterscheidung verzichtet. Die grammatisch männliche Form wird geschlechtsneutral verwendet und meint das weibliche und männliche Geschlecht gleichermaßen.

Literatur

Ausubel DP (1968) Educational psychology: a cognitive view. Holt, Rinehart & Winston, New York

Chi MTH, Slotta JD (1993) The ontological coherence of intuitive physics. Cogn Instr 10(2 & 3):249–260

Diesterweg A (1850) Wegweiser zur Bildung für deutsche Lehrer, vol 1. Bädeker, Essen

Design-Based Research Collective (2003) Design-based research: An emerging paradigm for educational inquiry. Educ Res 32(1): 5–8

Duit R (2009) Bibliography STCSE – teachers' and students' conceptions and science education. Kiel, Germany: IPN – Leibniz Institute for Science and Mathematics Education. http://archiv.ipn.uni-kiel.de/stcse/. Zugegriffen: 9. Okt. 2019

Frerichs V (1999) Schülervorstellungen und wissenschaftliche Vorstellungen zu den Strukturen und Prozessen der Vererbung – ein Beitrag zur Didaktischen Rekonstruktion. Oldenburg, Didaktisches Zentrum (diz)

Ginsburg HP, Opper S (1998) Piagets Theorie der geistigen Entwicklung. Klett-Cotta, Stuttgart

Gropengießer H (2007a) Didaktische Rekonstruktion des »Sehens«. Wissenschaftliche Theorien und die Sicht der Schüler in der Perspektive der Vermittlung. In: Kattmann U (Hrsg) BzDR Beiträge zur Didaktischen Rekonstruktion, vol 1. Didaktisches Zentrum, Carl-von-Ossietzky-Universität, Oldenburg

Gropengießer H (2007b) Theorie des erfahrungsbasierten Verstehens. In: Krüger D, Vogt H (Hrsg) Theorien in der biologiedidaktischen Forschung. Springer, Heidelberg, S 105–116

Gropengießer H (2008) Qualitative Inhaltsanalyse in der fachdidaktischen Lehr-Lernforschung. In: Mayring P, Glaeser-Zikuda M (Hrsg) Die Praxis der Qualitativen Inhaltsanalyse. Beltz, Weinheim, S 172–189

Hancock CH (1940) An evaluation of certain popular science misconceptions. Sci Educ 24(4):208–213

Helm H, Novak JD (1983) Proceedings of the international seminar misconceptions in science and mathematics. Cornell University, Ithaca

Kattmann U, Duit R, Gropengießer H, Komorek M (1997) Das Modell der Didaktischen Rekonstruktion – Ein Rahmen für naturwissenschaftsdidaktische Forschung und Entwicklung. Zeitschrift für Didaktik der Naturwissenschaften 3(3):3–18

Klug WS, Cummings MR, Spencer CA (2007) Genetik, vol 8. Pearson Studium, München

Lakoff G, Johnson M (1999) Philosophy in the flesh. Basic Books, New York

Niebert K, Gropengießer H (2014) Understanding the greenhouse effect by embodiment – analysing and using students' and scientists' conceptual resources. Int J Sci Educ 36(2):277–303

Posner GJ, Strike KA, Hewson PW, Gertzog WA (1982) Accommodation of a scientific conception: toward a theory of conceptual change. Sci Educ 66(2):211–227

Riemeier T, Gropengießer H (2008) On the roots of difficulties in learning about cell division: process-based analysis of students` conceptual development in teaching experiments. Int J Sci Educ 30(7):923–939

Vollmer G (1984) Mesocosm and objective knowledge. In: Wuketits F (Hrsg) Concepts and approaches in evolutionary epistemology. Reidel Publishing Company, Dordrecht, The Netherlands, S 69–121

Wandersee JH, Mintzes JJ, Novak JD (1994) Research on alternative conceptions in science. In: Gabel D (Hrsg) Handbook of Research on Science Teaching and Learning. Macmillan, New York, S 177–210

Weiterführende Literatur

Dieses Buchkapitel gibt einen Überblick zu Forschungsansätzen, die das Vorstellungslernen in den Blick nehmen:

Scott P, Asoko H, Leach J (2010) Student conceptions and conceptual learning in science. In: Abell SK, Lederman NG (Hrsg) Handbook of Research on Science Education. Routledge, New York, S 31–56

Zu den unterrichtswirksamen Befunden der Vorstellungsforschung liegen deutschsprachig zwei anregende und sich durch ihre unterschiedliche Perspektive ergänzende Werke vor. Hammann und Asshoff konzentrieren sich auf Schülervorstellungen und deren Diagnose, Kattmann bringt systematisch die Schülervorstellungen mit dem fachlichen Wissen zusammen:

Hammann M, Asshoff R (2014) Schülervorstellungen im Biologieunterricht: Ursachen für Lernschwierigkeiten. Klett Kallmeyer, Seelze

Kattmann U (2015) Schüler besser verstehen: Alltagsvorstellungen im Biologieunterricht. Aulis, Hallbergmoos

Prof. Dr. Harald Gropengießer studierte die Fächer Biologie und Chemie für das Lehramt an der Universität Bremen und unterrichtete 10 Jahre an einem Gymnasium in Bremen. Er war wissenschaftlicher Mitarbeiter an der Universität Oldenburg und wurde dort mit einer Dissertation zur didaktischen Rekonstruktion des Sehens promoviert und habilitierte sich für das Fachgebiet Didaktik der Biologie mit einer Arbeit zur Theorie des erfahrungsbasierten Verstehens. Ab 2001 war er Professor für Biologiedidaktik an der Leibniz Universität Hannover, seit 2018 ist er im Ruhestand. Er gibt zusammen mit Ute Harms und Ulrich Kattmann die Fachdidaktik Biologie und zusammen mit Ulrich Kattmann und Dirk Krüger die Biologiedidaktik in Übersichten heraus.

Vorstellung und Theorie

3

Ein kritischer Blick auf das aktuelle theoretische Fundament der Vorstellungsforschung

Jörg Zabel

Zusammenfassung

Im Round Table **Vorstellung und Theorie** wurden insgesamt fünf Beiträge vorgestellt und diskutiert. Wichtigste Leitfrage dabei war, ob die klassischen Theorien der Vorstellungsforschung den veränderten Anforderungen heute noch standhalten oder eventuell verändert oder erweitert werden sollten. Das Ergebnis war, dass die Teilnehmenden[1] das theoretische Fundament der Vorstellungsforschung im Wesentlichen nach wie vor als tragfähig, aktuell und auch erweiterungsfähig eingeschätzten. Seine Flexibilität stellt es beispielsweise durch aktuelle Theorieentwicklungen in Bezug auf die genauen Mechanismen des *conceptual change* unter Beweis. Demnach sind verkörperte Vorstellungen oft attraktiver als die wissenschaftlich adäquaten. Defizite wurden allerdings darin gesehen,

1. dass das gut etablierte Paradigma der Vorstellungsforschung bisher zu wenig zuverlässige, einfach in der Praxis anwendbare und nachweisbar erfolgreiche Vermittlungsstrategien hervorgebracht habe. Weitere Desiderate an die Theorieentwicklung waren
2. eine stärkere Hinwendung zur Rolle der Lehrenden im Vermittlungsprozess,
3. die Berücksichtigung impliziten Wissens im Sinne der Wissenssoziologie,

J. Zabel (✉)
Biologiedidaktik, Universität Leipzig, Leipzig, Deutschland
E-Mail: joerg.zabel@uni-leipzig.de

B. Reinisch et al. (Hrsg.), *Biologiedidaktische Vorstellungsforschung: Zukunftsweisende Praxis,* https://doi.org/10.1007/978-3-662-61342-9_3

4. mehr Aufmerksamkeit und Theoriebildung hinsichtlich der Vernetzung und Integration von Vorstellungen zu einer kohärenten Wissensstruktur.

3.1 Einführung

Zum Round Table *Vorstellung und Theorie,* dessen Ergebnisse hier dargestellt werden, gehörten insgesamt fünf Beiträge recht unterschiedlicher Natur (Tab. 1). Dieses Kapitel versucht sie einzuordnen, die sich anschließenden Diskussionen in Grundzügen abzubilden und am Ende, in aller Vorläufigkeit und Vorsicht, Schlüsse und Handlungsoptionen für die künftige Theorieentwicklung abzuleiten. Dazu soll zunächst grob skizziert werden, wie der Status quo dieser Vorstellungsforschung und ihres Theoriebestandes sich den Teilnehmenden der Tagung darstellte.

Bereits vor einem Jahrzehnt zählte die Bibliografie Students‘ and Teachers‘ Conceptions and Science Education (STCSE) mehr als 1300 empirische Studien zu Schülervorstellungen[1] in der Biologie, überwiegend jeweils zu spezifischen Fachthemen. Welche Theorien liegen diesem in der Rückschau gewaltig erscheinenden Forschungsprogramm zugrunde? Dazu ist es zweckmäßig, zunächst zu klären, was mit dem Wort „Vorstellung“ (engl. *conception)* gemeint ist. Gropengießer und Marohn (2018) verstehen darunter „subjektive gedankliche Konstruktionen“, die zu einem „mentalen Erlebnis“ führen. Sie unterscheiden Vorstellungen verschiedener Komplexität, vom relativ einfachen Begriff (engl. *concept),* beispielsweise Zelle oder Blatt, über sogenannte Konzepte, die mehrere Begriffe miteinander verknüpfen („die Zelle atmet“), bis hin zu komplexeren gedanklichen Konstruktionen wie Denkfiguren oder subjektiven Theorien. Konsens in der Vorstellungsforschung ist auch der Befund, dass Lernende in den naturwissenschaftlichen Unterricht bereits vielfältige Vorstellungen über natürliche Objekte und Vorgänge mitbringen und diese vorunterrichtlichen Vorstellungen meist resistent gegen herkömmliche Vermittlungsstrategien sind.

Soweit eine erste Definition. Sie wirft allerdings sofort Fragen auf, zum Beispiel, ob überhaupt zwei Menschen dieselbe Vorstellung haben können. Nach konstruktivistischer Auffassung werden Vorstellungen weder weitergegeben noch aufgenommen. Vielmehr konstruiert jedes Individuum neue Vorstellungen auf der Basis seiner bereits verfügbaren Vorstellungswelt. Dies sollte nach konstruktivistischer Lernauffassung einschneidende Folgen für das Arrangement schulischen Lernens haben, und auch für die Metaphern des Lehrens und Lernens (Marsch 2009). Wissen kann also nicht einfach „weitergegeben“ oder identisch kopiert werden wie Daten auf eine Festplatte. Die Aufgabe des Forschungszweiges, den man unter *conceptual change* zusammenfassen kann, besteht deshalb darin, „unterrichtliche Strategien zur Änderung von Vorstellungen zu finden, die Bedingungen zu klären, unter denen dies gelingen kann, und den dabei ablaufenden Lernprozess theoretisch gerahmt zu beschreiben“ (Gropengießer und Marohn 2018). Hinzuzufügen ist dieser

Formulierung allerdings noch, dass es sich im Sinne des Konstruktivismus bei diesem Lernprozess weniger um eine Veränderung von Vorstellungen als um deren Rekonstruktion handelt, weshalb manche den Begriff *conceptual reconstruction* für treffender halten.

Lernen ist trotz der semantischen Abgeschlossenheit unserer Gehirne kein völlig individueller Akt, vielmehr gelingt das verstehende Lernen oft gerade in einem sozialen Kontext. Zwar können Vorstellungen im Klassenraum nicht an die Lernenden „weitergegeben" werden, die Lernenden können aber ihre Vorstellungen durchaus gemeinsam rekonstruieren. Dieser Prozess wird gefördert, wenn Lernende gemeinsam um Verstehen ringen und Bedeutungen miteinander aushandeln, beispielsweise dass Zellen nicht im Sinne der menschlichen Lunge makroskopisch „atmen", also ventilieren, sondern dass mit „Atmung" hier eine bestimmte Form des mikroskopischen Stoffwechsels gemeint ist, zu dem ein Gasaustausch gehört. Den Terminus „Zellatmung" würden sie danach im besten Fall mit einer anderen, wissenschaftlich adäquateren Vorstellung verknüpfen als zuvor.

Insgesamt erscheint der Vorstellungsbegriff mit Blick auf die vergangenen Jahrzehnte immer noch erstaunlich unscharf. Krüger und Vogt stellten (2007) in einem Handbuch für Studierende fünf in der deutschsprachigen Biologiedidaktik etablierte „Theorien zum Lernen" zusammen, die eng mit dem Vorstellungsbegriff verbunden sind. Dazu gehörten allgemeine, d. h. fachunspezifische Theorien der Erkenntnis und des Lernens wie die konstruktivistische Lernauffassung und die Conceptual-Change-Theorie, aber auch die Theorie des erfahrungsbasierten Verstehens und der Ansatz Alltagsphantasien. Das Nebeneinander aller dieser Ansätze ist bezeichnend für die facettenreiche Annäherung der deutschsprachigen Biologiedidaktik an den Vorstellungsbegriff, der in Krüger und Vogt (2007) de facto als dehnbarer Oberbegriff für verschiedene theoretische Beschreibungen des verstehenden Lernens fungiert. Vorstellung bildet hier wie auch auf vielen Tagungen und in anderen Veröffentlichungen die wissenschaftssoziologisch funktionale Klammer einer theoretischen Polyphonie, aber kein scharf definiertes Konstrukt.

Was also ist der Kern des Vorstellungsbegriffs? Gropengießer und Marohn (2018) zeichnen die Entwicklung dieser Forschungsrichtung nach und zeigen Entwicklungslinien auf. Grundlegendste Annahme und wichtigste Legitimation der Vorstellungsforschung ist die Überzeugung, dass die Vorstellungen der Lerner von zentraler Bedeutung für den Lernprozess sind. Die Wurzeln der Vorstellungsforschung sehen Gropengießer und Marohn (2018), neben anderen mentalen Modellen der kognitiven Psychologie, bei Jean Piagets Stufenmodell der kognitiven Entwicklung. Wesentlicher Rahmen der Theorieentwicklung im internationalen Diskurs wurde seit den 1970er Jahren dann das Conceptual-Change-Paradigma, das die Bedingungen des konzeptuellen Umlernens analog zur Dynamik wissenschaftlicher Revolutionen beschrieb (Amin und Levrini 2018). Allerdings blieb *conceptual change* lange ein eher pauschales, heuristisches Modell und erlaubte keine konkreten Vorhersagen in spezifischen Lernarrangements. Ab den 1990er Jahren wurde die Vorstellungsforschung im Rahmen des moderaten Konstruktivismus erkenntnistheoretisch untermauert. Um die Jahrtausendwende befeuerte ein Streit die Theorieentwicklung zum *conceptual change:* Lassen sich empirische Befunde zu Lernprozessen besser durch die Existenz umfassender Rahmentheorien erklären oder durch flexible, kleine Wissenselemente, die das Gehirn auf neue Weise miteinander kombiniert und dadurch neue Vorstellungen erzeugt (Vosniadou 2013)? Vorstellungen wurden mit Blick auf die Gehirnforschung und deren funktionelle, bildgebende Verfahren nun auch als Muster aktivierter Neuronen interpretiert. Die Bedeutung des Vorwissens für den Lernprozess konnte durch empirische Studien belegt werden.

Besondere Beachtung schenken Gropengießer und Marohn (2018) der *embodied cognition* nach Lakoff und Johnson (2000) und Lakoff (1990). Unter dem Einfluss der kognitiven Linguistik und der Theorie des erfahrungsbasierten Verstehens (Gropengießer 2006) wurde nun verstärkt die Rolle körperlicher und sozialer Erfahrungen bei der Genese von Lernervorstellungen beleuchtet. Basisbegriffe und Schemata gelten als verkörperte Vorstellungen *(embodied).* Nicht körperlich erfahrbare, abstraktere Begriffe werden als Resultat metaphorischer Projektionen gedeutet, denen körperliche Erfahrungen als Ursprungsbereich zugrunde liegen. Intuitive Vorstellungen oder sogenannte Alltagsphantasien zu biologischen Themen wurden nun ebenfalls systematisch erhoben (Gebhard 2007). Dieser Forschungszweig beleuchtete auch die affektive und assoziative Seite des Verstehens sowie die Rolle von Narrationen und Symbolen bei der individuellen Sinnkonstruktion des Lerners (Zabel und Gropengießer 2015).

Die Unschärfe des Vorstellungsbegriffs ist nicht nur durch das Nebeneinander mehrerer theoretischer Ansätze erklärbar. Dass es so schwierig ist, Vorstellungen klar zu definieren und von anderen Konstrukten abzugrenzen, liegt wohl auch daran, dass sie empirisch nicht direkt zugänglich oder im engeren Sinne „messbar" sind. Weil apparative Verfahren der Gehirnforschung keine Gedanken lesen können, müssen Vorstellungen relativ aufwendig anhand von sprachlichen oder grafischen Zeichen rekonstruiert werden. Die dafür notwendige Interpretation dieser Zeichen geschieht theoriegeleitet und systematisch (z. B. Gropengießer 2005), sie verlangt also Expertise und forschungsmethodisches Wissen. Dennoch ist dabei kein im naturwissenschaftlichen Sinne exaktes und objektives Resultat möglich. Nichtsdestotrotz ist der Vorstellungsbegriff zentral und weithin etabliert in einer konstruktivistisch orientierten Naturwissenschaftsdidaktik. Er war und ist von großem heuristischen Wert und sehr produktiv für die fachdidaktische Forschung wie auch die schulische Lehrpraxis, besonders im Fach Biologie (Schrenk et al. 2019). Man könnte etwas pointiert vermuten, dass gerade seine Dehnbarkeit und alltagsnahe Zugänglichkeit den Vorstellungsbegriff so erfolgreich gemacht haben. Nicht zufällig weisen die Erhebungsmethoden für Vorstellungen, wie z. B. das *teaching experiment* oder das „problemzentrierte, offene und interaktive Interview" (Gropengießer und Marohn 2018) eine große Nähe zu realen schulischen Situationen auf. Solche Settings der Datenaufnahme sind forschungsmethodisch komplex und schwer reproduzierbar, aber von hoher externer Validität, die unter anderem durch den Vorstellungsbegriff hergestellt wird.

Vorstellungsforschung ist meistens praxisnah und für Lehrende nachvollziehbar, denn sie beschreibt gut, was Letztere im Unterrichtsalltag erleben: Naturwissenschaftliche Zusammenhänge sind oft nicht intuitiv zu verstehen. Sie zu erschließen ist anstrengend und erfordert es, sich als Lehrperson auf die Vorstellungswelt der Lernenden einzulassen. Bei dieser Herausforderung helfen die vorliegenden Ergebnisse der Vorstellungsforschung. Zwar bleibt es schwierig, Lernvorgänge im Klassenraum mit Hilfe der Vorstellungsforschung abgestimmt auf die Vorstellungswelt eines jeden Lernenden zu planen, und im Labormaßstab und in Lernexperimenten erzielte Erkenntnisse über Vorstellungsentwicklung lassen sich methodisch nur eingeschränkt in den Klassenraum übertragen. Aber immerhin hat die Forschung zu den meisten relevanten Themen die prominenten, das heißt häufig auftretenden, Vorstellungen inzwischen identifiziert und beschrieben, so dass sie bei der Unterrichtsplanung besser berücksichtigt werden können und auch für Anfänger im Lehrberuf nicht mehr als plötzliche, unerwartete Hindernisse auftreten.

Die unterschiedlichen „Eingangsvoraussetzungen" seitens der Schüler, aber auch der angehenden Lehrpersonen selbst, stehen in der Vorstellungsforschung heute verstärkt im Fokus. Der Komplexität der biologischen fachlichen Begriffe und Theorien auf der einen Seite steht heute eine Zielgruppe von Lernenden gegenüber, die sich ihrerseits durch Heterogenität und Diversität auszeichnet. Im Sinne der Professionalisierungsdebatte im Lehrberuf stellt es eine Schlüsselkompetenz im Bereich des fachdidaktischen Wissens dar, mit fachspezifischen Lernschwierigkeiten der Schüler umgehen zu können (Baumert und Kunter 2006). Was bedeutet all dies für die Theorieentwicklung in der Vorstellungsforschung? Die folgenden Leitfragen lassen sich aus dem hier skizzierten Status quo ableiten.

3.2 Leitfragen

Halten die klassischen Theorien den aktuellen Anforderungen stand? Welche weiteren theoretischen Perspektiven können an empirische Befunde herangetragen werden?

3.3 Diskurs

3.3.1 Die Vernetzung und Integration von Vorstellungen besser erforschen und fördern

▶ **These 1** Angesichts bestehender Vernetzungsprobleme der Lerner sollte Vorstellungsforschung zukünftig ihren Blick stärker auf die Organisationsebenen biologischen Wissens und eine kohärente Wissensstruktur legen.

Die Vorstellungsforschung hat Verstehensprozesse bisher vor allem isoliert nach einzelnen Themenbereichen untersucht. Viele Schülervorstellungen lassen sich aber besser als

Vernetzungsprobleme beschreiben (→ Hammann;[2] Hammann 2019). Zwei Ansätze der Schülervorstellungsforschung nehmen die Wissensvernetzung in den Blick, nämlich Arbeiten zu den Organisationsebenen und der Ansatz der Wissensintegration (*knowledge integration approach;* Clark und Linn 2013). Letzterer bricht mit der Vereinfachung, dass falsche Schülervorstellungen durch richtige zu ersetzen seien, und postuliert stattdessen eine Art „Ökologie" von mehr oder weniger fragmentarischen Vorstellungselementen. Lernen geschieht demnach durch einen Prozess der Umstrukturierung und Reorganisation neuer und bestehender Ideen.

Bei der Rekonstruktion von Schülervorstellungen als auch bei der Entwicklung von Vermittlungsstrategien sollten demnach anstatt einzelner Konzepte stärker die verschiedenen Organisationsebenen und eine kohärente Wissensstruktur der Lerner im Fokus stehen. Dabei geht es sowohl um vertikale Kohärenz, wie sie zum Beispiel durch die Jo-Jo-Strategie gefördert wird, als auch um horizontale Kohärenz, also beispielsweise darum, wie Stoffflüsse innerhalb einer Organisationsebene ablaufen. Wird die Art der Wissensvernetzung im Unterricht den existierenden Kohärenzproblemen angepasst, lassen sich Ansätze zur Veränderung von Schülervorstellungen besser systematisieren, und die Wirksamkeit instruktionaler Maßnahmen lässt sich vorhersagen.

▶ **Antithese 1** Biologisches Wissen lässt sich nur bis zu einem gewissen Grad in großen, übergreifenden Systeme systematisieren, und Vernetzung alleine löst nicht jedes Verstehensproblem.

Der Wissensstrukturansatz erscheint etwas einseitig, weil er keine Aussagen über die Genese der zu verknüpfenden Vorstellungen macht. Die Beziehung dieses Ansatzes zu den Basiskonzepten bzw. Erschließungsfeldern sollte zudem besser beschrieben werden: Sind nun eher die Organisationsebenen der Schlüssel zur Vernetzung oder die Basiskonzepte?

Manche der strukturierenden Ebenen sind keine Größendimensionen, sondern besitzen ausgesprochene Eigenheiten und sind stark an fachliche Theorien gebunden, beispielsweise die Zelltheorie oder die Unterscheidung zwischen Genotyp und Phänotyp. Angesichts der hohen Domänenspezifität einzelner Verstehensprobleme im naturwissenschaftlichen Unterricht erscheint die Prognose, mit Vernetzung würde Instruktionserfolg pauschal besser vorhersagbar, zumindest optimistisch.

3.3.2 Implizites Wissen stärker einbeziehen

These 2 Die wissenssoziologische Unterscheidung zwischen explizitem und implizitem Wissen ist auch für die Vorstellungsforschung relevant. Das Spannungsverhältnis zwischen diesen Ebenen könnte die Koexistenz von fachlichen Vorstellungen und Schülervorstellungen bei Lehrenden sowie Lernenden erklären.

Die Wissenssoziologie differenziert zwischen explizitem und implizitem Wissen (Mannheim 1980, Kap. 5). Implizites Wissen meint dabei das in sozialen Interaktionen erworbene, handlungsleitende Wissen, beispielsweise eine bestimmte Orientierung oder ein Lehrhabitus. Diese „versteckte" Wissensebene wird in der fachdidaktischen Forschung bisher kaum einbezogen. Es ist jedoch gut möglich, dass im Unterricht beide Wissensebenen im Spannungsverhältnis zueinander stehen, indem zum Beispiel die Lehrperson über ihren Habitus implizit teleologische Ansichten kommuniziert, während sie gleichzeitig explizit fachlich adäquate Konzepte zu vermitteln versucht (Gresch und Martens 2018).

▶ **Antithese 2a** Auch die etablierten Theorien zum Lernen berücksichtigen bis zu einem gewissen Grad bereits soziale Erfahrungen.

Namentlich die Theorie des erfahrungsbasierten Verstehens (Gropengießer 2006) und der Ansatz Alltagsphantasien (Gebhard 2007) rekurrieren bereits jetzt auf unbewusste, implizite Vorstellungen. Es müsste deutlicher werden, worin das zusätzliche Erklärungspotential der Wissenssoziologie hier liegen kann.

▶ **Antithese 2b** Die Erforschung impliziten Wissens im didaktischen Kontext geht mit forschungsmethodischen Problemen einher.

Wie gut ist implizites Wissen als manifeste Handlung direkt beobachtbar und interpretierbar? Es geht schließlich mit Routinen und Denkgewohnheiten einher, deren Eigenschaft es ja gerade ist, innerhalb einer bestimmten Gruppe selbstverständlich zu sein und nicht verbalisiert zu werden. Dementsprechend schwer dürfte es sein, dies explizit offenzulegen. Außerdem würde die Interpretation der Daten wohl durch Ungenauigkeiten in der Sprache verzerrt. Beispielsweise ist es im Deutschen schwer, Evolutionsvorgänge sprachlich *nicht* teleologisch auszudrücken, selbst wenn man es bewusst versucht.

3.3.3 Den Transfer in die schulische Praxis verbessern!

▶ **These 3** Die klassischen Theorien der Vorstellungsforschung und das damit verbundene biologiedidaktische Forschungsprogramm haben die schulische Lehrpraxis bisher nicht ausreichend beeinflussen können.

Die etablierten Theorien waren in den vergangenen Jahrzehnten fruchtbar für die Grundlagenforschung zu Lehr-Lern-Prozessen im Biologieunterricht. Sie halten den aktuellen Anforderungen der Outputorientierung und der Professionalisierung im Lehramt aber insofern nicht mehr stand, als sie bisher zu wenig zuverlässige, einfach in der Praxis anwendbare und nachweisbar erfolgreiche Vermittlungsstrategien hervorgebracht haben. Das klassische Ergebnis von Studien zu Schülervorstellungen besteht aus der Rekonstruktion und didaktischen Strukturierung eines Unterrichtsthemas sowie abschließend formulierten Leitlinien für den Unterricht. Es fehlen aber in der Regel noch Interventionsstudien und damit auch empirische Belege für die Wirksamkeit solcher Leitlinien.

Deshalb ist zwar häufig gut bekannt, welche prominenten Alltagsvorstellungen in einem bestimmten Themengebiet zu erwarten sind, aber dieses Wissen kann im Unterricht nicht hinreichend dazu genutzt werden, Lehr-Lern-Prozesse zu optimieren. Fachlich adäquate Vorstellungen sind aber eine notwendige Voraussetzung für viele Problemlöseprozesse, die sich letztlich als Kompetenzen diagnostizieren lassen. Eine fruchtbare Verbindung zwischen den Paradigmen und methodischen Standards der Vorstellungsforschung einerseits und denen der Kompetenzforschung andererseits wäre in vieler Hinsicht wünschenswert (Kap. 6). Diese Synergie wird umso besser gelingen, je mehr die Vorstellungsforschung die oben genannten Desiderate in Bezug auf breiten Transfer in die Lehrpraxis und empirisch belegte Wirksamkeit erfüllt.

▶ **Antithese 3a** Die klassischen Theorien bilden nach wie vor ein stabiles und unverzichtbares Fundament für eine praxiswirksame Vorstellungsforschung.

Der Vorstellungsbegriff selbst und die mit ihm verbundenen theoretischen und forschungsmethodischen Ansätze haben sich in den zurückliegenden Jahrzehnten als fruchtbares und flexibles Paradigma erwiesen, mit dessen Hilfe viele neue Erkenntnisse und Einblicke in fachspezifische Lehr-Lern-Prozesse gewonnen werden konnten (Kap. 2). Vorstellungen sind, wie auch Wahrnehmungen, mentale Erlebnisse und damit nicht direkt zugänglich oder messbar. Sie können aber als Muster neuronaler Aktivität interpretiert werden, das autonom und nicht durch Reize angeregt wurde. Die darin ausgedrückte Selbtsreferentialität des Gehirns ist ein Grundpostulat des neurobiologischen Konstruktivismus (Roth 1997). Forschungsmethodisch können Vorstellungen Personen auf wissenschaftliche Weise zugeschrieben werden. Voraussetzung dafür ist ein theoriegeleitetes und methodisch kontrolliertes Vorgehen.

Praxiswirksam ist beispielsweise die Identifikation von Basisbegriffen und Schemata, die direkt in körperlicher Erfahrung gründen und als Ursprungsbereiche für das metaphorische Verstehen fachlicher Zielbereiche fungieren. Für vier Vermittlungsstrategien, die auf der kritischen Reflexion solcher Schemata basieren, liegen mittlerweile aus Lehr-Lern-Experimenten *(teaching experiments)* empirische Wirksamkeitsnachweise vor (Gropengießer und Groß 2019). Im Einzelnen sind diese Strategien:

1. Schema beibehalten und erfahrungsbasiert modifizieren,
2. Schema vorlegen und reflektieren,
3. Schema erweitern sowie
4. Schema verwerfen.

Eine moderne Variante des Conceptual-Change-Ansatzes (Potvin et al. 2015) geht von einer Koexistenz verschiedener Vorstellungen zu einem Kontext aus, die je nach Situation abgerufen und genutzt werden. Verknüpfungen mit körperlichen Erfahrungen, wie z. B. bei der Metapher des „natürlichen Gleichgewichts", machen solche verkörperten Vorstellungen zumeist attraktiver als die wissenschaftlich angemessene Idee. Die Attraktivität wissenschaftlich adäquater Vorstellungen kann durch Modellierungsphasen und deren Reflexion erhöht werden (→ Meister und Upmeier zu Belzen). Die Vorstellungsforschung schärft hier also durchaus ihren Theorierahmen aus und verknüpft ihn mit der Theorie des erfahrungsbasierten Verstehens, zum Nutzen des zukünftigen Unterrichts. Es liegen mittlerweile mehrere praxisnahe Nachschlagewerke für Lehrende vor, mit deren Hilfe sie das heute bekannte Wissen über Schülervorstellungen schnell und gezielt für ihre Unterrichtsvorbereitung nutzen können.

▶ **Antithese 3b** Die Wirkung von Vorstellungsforschung schlägt sich nicht nur in empirisch geprüften Vermittlungsstrategien nieder, sondern auch allgemeiner und indirekter in einer Kultur der Schülerorientierung.

Woran bemisst sich Transfer? In ihrer aktuellen Bilanz der Erträge der Vorstellungsforschung für die Praxis kommen Schrenk et al. (2019) zu dem Schluss, die Wirksamkeit der Schülervorstellungsforschung ergebe sich „in erster Linie durch die Beschreibung von Lernvoraussetzungen und Lernwegen von Schülerinnen und Schülern unterschiedlicher Klassenstufen" (S. 17). Durch die Forschung zu Schülervorstellungen rückten zudem „die Lernenden selbst und ihre mentalen Modelle und Gedankengänge in den Fokus des Biologieunterrichts" (ebd.). Dies habe sehr wahrscheinlich vielerorts eine Kultur der Schülerorientierung und damit die Veränderung von Lehrstilen und Haltungen gefördert. Diese Bilanz betont also den ideellen Einfluss der Vorstellungsforschung auf die Praxis gegenüber der materiellen Dissemination, die sich in konkreten Diagnose- und Unterrichtsmaterialien bemisst.

3.3.4 Die Lehrenden stärker in den Fokus nehmen

▶ **These 4** Die Perspektive der Lehrenden auf ein biologisches Thema zu erforschen, sollte als vierte Teilaufgabe das Modell der didaktischen Rekonstruktion ergänzen. Damit könnte das Modell dann auch als Grundlage der Diagnose des *content knowledge* von Lehrenden dienen.

Das Modell der didaktischen Rekonstruktion (MDR) (Duit et al. 2012) umfasst drei Teilaufgaben: Die fachliche Klärung, die Analyse der Lernpotentiale und als dritten Schritt dann die didaktische Strukturierung (Abb. 3.1). Im Kern geht es also darum, die beiden Perspektiven der Experten und der Lernenden miteinander zu vergleichen und daraus

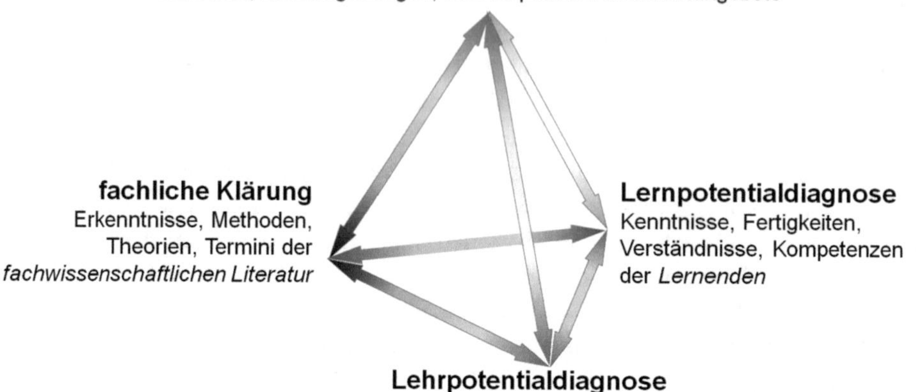

Abb. 3.1 Didaktischer Tetraeder (→ Reinisch und Krüger)

begründete Schlussfolgerungen für die unterrichtliche Vermittlung zu ziehen. Das Modell befasst sich aber nicht mit den Vorstellungen von Lehrenden, obwohl diese im Vermittlungsprozess eine zentrale Rolle spielen. Die Perspektive der Lehrenden auf das zu vermittelnde Thema stellt ein wichtiges Bindeglied zwischen der fachlichen Klärung und der Lernpotentialdiagnose dar.

Deshalb sollte zukünftig eine Lehrpotentialdiagnose als vierte Teilaufgabe und als Äquivalent zur Lernpotentialdiagnose in das MDR aufgenommen werden (→ Reinisch und Krüger). Notwendig ist eine theoretische und empirische Evaluation des erweiterten Modells auch für den schulischen Kontext im Sinne einer Diagnose und Professionalisierung von Lehrkräften hinsichtlich *content knowledge* (Baumert und Kunter 2006). Neben dem fachlichen Wissen könnten dabei auch die Bereiche *nature of science* und *scientific inquiry* Gegenstand der Diagnose sein.

▶ **Antithese 4** Die Lehrpotentialdiagnose würde in der Praxis einige Überschneidungsbereiche mit der fachlichen Klärung aufweisen.

Die fachliche Klärung nutzt ja nicht nur fachwissenschaftliche Literatur im engeren Sinne, wie Reinisch darstellt (→ Reinisch und Krüger), sondern potentiell alle Quellen, die Aussagen von Experten enthalten (Gropengießer und Kattmann 2016). Lehrpersonen wiederum haben im Zuge der Fachlichen Klärung die Aufgabe, biologische Fachinhalte eigenständig für den Unterricht zu rekonstruieren, wobei sie im besten Falle ebenfalls zu Experten für dieses Thema werden – vielleicht nicht mit dem Detailwissen der Forschenden, dafür aber mit der von der fachlichen Klärung geforderten kritischen, analytischen Perspektive unter Vermittlungsabsicht. Der Unterschied zwischen fachlicher Klärung und Lernpotentialdiagnose läge letztlich also vor allem im Grad des

Expertenstatus, was die Notwendigkeit einer vierten Dimension im Modell zumindest in Frage stellt. Denn Fach- und Buchwissen alleine genügt eben auch für eine gute fachliche Klärung nicht, und im Gegenzug schließt Lehrpotential unbedingt auch fachliche Expertise ein. Es wäre allerdings zu prüfen, ob bei der fachlichen Klärung zukünftig explizit zwischen dem fachwissenschaftlichen Aspekt (ausgehend von den Vorstellungen der Fachwissenschaftler) und dem wissenschaftstheoretischen Aspekt unterschieden werden könnte.

3.4 Fazit

Konsens der Diskussion im Round Table war, dass es eine herausragende und unbestrittene Leistung der Vorstellungsforschung nach 40 Jahren darstellt, die Alltagsvorstellungen von Lernenden zu allen wesentlichen Themen des Biologieunterrichts weitestgehend spezifisch erfasst und analysiert zu haben. Zumeist geschah dies mit Blick auf mögliche Verstehensprobleme sowie mit dem Ziel, das jeweilige Thema im Unterricht wirkungsvoller zu vermitteln. Die klassischen Theorien der Vorstellungsforschung waren offensichtlich bis dato fruchtbar genug, um dies zu leisten, und sie werden bis heute ausgeschärft und präzisiert. Das Paradigma ist also lebendig und wirkungsvoll. Zudem hat die Vorstellungsforschung sehr wahrscheinlich einen massiven „ideellen Transfer" geleistet, indem sie Unterrichtspraxis durch Bewusstseinswandel hin zu mehr Schülerorientierung und im Sinne einer aktiven Lernerrolle veränderte.

Weniger eindeutig fiel die Bilanz aus, wenn es um Nachweise der empirischen Wirksamkeit von Vermittlungsstrategien geht, die aus der Vorstellungsforschung abgeleitet sind. Es herrscht überwiegend Konsens in der biologiedidaktischen Forschung, dass es hier Desiderate in der Theorieentwicklung gibt. Es fehlen in den meisten Themengebieten noch effiziente und praxistaugliche Diagnoseinstrumente für den Unterricht sowie einfach umsetzbare und zuverlässig wirksame Unterrichtsmethoden auf der Basis von *conceptual change* und Schülervorstellungen. Zwar entstanden in Lehr-Lern-Experimenten bereits einige empirisch geprüfte Vermittlungsstrategien, die auf den allgemeinen Grundlagentheorien der Vorstellungsforschung basieren. Aber für die Entwicklung klassenraumtauglicher Instrumente werden mehr lokale Theorien mit begrenzter Reichweite zu den jeweiligen Themengebieten benötigt. Welche Vermittlungsstrategie hat sich zum Beispiel bewährt, wenn es darum geht, im Jahrgang 7 oder 8 die Grundlagen des menschlichen Immunsystems zu vermitteln (→ Tinapp und Zabel)? „Lokal" heißt hier, die allgemeine Grundlagentheorie zu spezifizieren für einen bestimmten, relativ eng umrissenen Geltungsbereich, und damit einen möglichst hohen Nutzen, für die schulische Praxis zu generieren. Denn es existiert sehr wahrscheinlich keine einzelne Vermittlungsstrategie, die für alle Lernenden, alle Themen und alle Verstehensprobleme gleichermaßen geeignet wäre. Die Rede vom angeblich „konstruktivistischen Unterricht" beruht auf der Verwechslung einer allgemeinen Erkenntnistheorie mit einer konkreten Vermittlungsstrategie.

Hinzu kommt die Output- und Kompetenzorientierung in der schulischen Bildung: Fachspezifische Lernfortschritte sollen messbar und vergleichbar werden. Verstehen als früher Zielbegriff der Vorstellungsforschung ist heute zwar immer noch gewollt, aber aktuelle Curricula formulieren Standards, in denen der Vorstellungsbegriff in aller Regel nicht vorkommt. Die zentralen Begriffe und Maßstäbe der Kompetenzforschung stammen nicht aus der Vorstellungsforschung, sondern sind der Lernpsychologie und der Testtheorie entlehnt. Auf naturwissenschaftsdidaktischen Tagungen ist eine „Arbeitsteilung", manchmal aber auch eine gewisse Entfremdung zu spüren zwischen Protagonisten der klassischen Vorstellungsforschung und denen, die Kompetenzentwicklung untersuchen. Die Methoden und Theorien dieser beiden Teilgebiete erscheinen auf den ersten Blick wenig kompatibel und existieren bis dato eher nebeneinander, so dass sie keine Synergien nutzen oder gemeinsame Forschungsprojekte ins Leben rufen können (Kap. 6). Dabei sind sie eigentlich im positiven Sinne komplementär zueinander: Vorstellungsforschung liefert fundierte Hypothesen dazu, wie Verstehenshürden überwunden und damit kognitive Kompetenzen erlangt werden können. Kompetenzforschung wiederum entwickelt die Instrumente, mit denen gemessen werden kann, ob die entwickelten Vermittlungsstrategien die Probleme tatsächlich lösen konnten. Durch das Zusammenspiel könnten belastbare Wirksamkeitsnachweise für die aus der Vorstellungsforschung abgeleiteten Vermittlungsstrategien entstehen, also im Sinne konfirmatorischer Forschung mit großen Stichproben (z. B. Kontrollgruppenstudien). Solche Studien fehlen derzeit noch. Eine Lehrpotentialdiagnose (→ Reinisch und Krüger) beispielsweise kann als Forschungsprojekt interpretiert werden, das die Kompetenzen der Lehrenden hinsichtlich ihrer eigenen Vorstellungen und ihres Wissens über Schülervorstellungen untersucht. Für ein solches Diagnoseverfahren ist noch ein Stück spezifische Theorieentwicklung nötig, das Resultat könnte dann einen wichtigen Beitrag zur Professionalisierung von Lehrkräften leisten.

Die eingangs gestellten zwei Leitfragen lassen sich im Anschluss an die Diskussion auf der Tagung gemeinsam folgendermaßen beantworten:

Die klassischen Theorien halten den aktuellen Anforderungen nur eingeschränkt stand. Sie sollten durch neue Ansätze erweitert und stärker praxiswirksam gemacht werden. Zwar kann die Vorstellungsforschung eine gute Bilanz vorweisen, wenn es um explorative Forschung zu themenspezifischen Lernhürden und deren Ursachen geht. Auch können Vermittlungsstrategien wie der kognitive Konflikt oder *teaching experiments* zumindest prinzipiell in die Unterrichtspraxis übertragen werden. Phänomene und (Modell)Experimente können in Vermittlungsstrategien eingebunden werden, um Lernhürden zu überwinden und einen Konzeptwechsel zu fördern. Noch können wir dieses Wissen im Unterricht aber nicht hinreichend dazu nutzen, Lernprozesse im Klassenmaßstab systematisch und zuverlässig zu verbessern. Beispielsweise liegen zu vielen biologischen Themen Leitlinien für die Unterrichtsplanung vor, die allerdings oft vergleichsweise theoretisch und anspruchsvoll formuliert sind, so dass sie selten für die Unterrichtsgestaltung genutzt werden. Als Beispiel besagt die Leitlinie 2 aus Weitzel

(2006), dass die Lernenden im Evolutionsunterricht „Variation als Voraussetzung für Anpassung begreifen“ sollten. Das ist im Sinne der Vorstellungsforschung plausibel und wird vom Autor ausführlich begründet. Es gibt auch eine Reihe von Lernangeboten für den Evolutionsunterricht, die Variation in den Mittelpunkt stellen. Dennoch fehlen beim Thema Evolution wie auch bei anderen Themen häufig noch

1. gut ausgearbeitetes und attraktives Material für verschiedene Klassenstufen, das genau auf die Erkenntnisse der Vorstellungsforschung abgestimmt ist, sowie
2. empirische Evidenz, dass die Fokussierung auf einen bestimmten Zugang erfolgreicher ist als eine andere Strategie.

Um solche Empirie zu schaffen, bietet es sich beispielsweise an, den Übergang zwischen Laborforschung und Schulpraxis zu fördern und damit die externe Validität der bisherigen Ergebnisse zu Vermittlungsstrategien zu erhöhen, beispielsweise durch *design-based research* in kleinen Gruppen und mit lokalen Theorien (→ Tinapp und Zabel).

Empirisch ermittelte Lernbedarfe und konzeptuelle „Landkarten“ (Zabel und Gropengießer 2011) sind ein Schritt in Richtung praxisnahe Theorieentwicklung und würden die Diagnose- und Vermittlungspraxis unter realen Schulbedingungen voranbringen. Besondere Aufmerksamkeit verdienen auch aktuelle Verfeinerungen der Conceptual-Change-Theorie mit hohem Anwendungspotential. So legt beispielsweise die Prävalenztheorie (Potvin et al. 2015) den Fokus auf die Attraktivität wissenschaftlich adäquater Vorstellungen. Diese Attraktivität kann wahrscheinlich unter anderem durch geeignete Modellierungsphasen im Unterricht erhöht werden (→ Meister und Upmeier zu Belzen). Hier stehen wir aber noch am Anfang.

Dass in diesem Zusammenhang vor allem die Kompetenzen der Lehrenden stärker systematisiert und messbar werden sollten, wurde oben bereits beschrieben. Eine solche Lehrpotentialdiagnose könnte Vorstellungsforschung und Kompetenzforschung produktiv miteinander verbinden. Eine Erweiterung des MDR um eine neue Teilaufgabe erscheint dafür eher nicht notwendig. Allerdings gerät die Teilaufgabe der didaktischen Strukturierung stärker in den Fokus, denn die Vorstellungen der jeweiligen Lehrperson beeinflussen ja das Ergebnis dieser Strukturierung umso mehr, je eigenständiger die Lehrenden sie im Rahmen der Unterrichtsvorbereitung selbst durchführen.

Ebenso erscheint es sinnvoll, die themenspezifische Verinselung der Vorstellungsforschung durch Theorieansätze zu überwinden, die stärker die Integration dieser Vorstellungen zu einem funktionalen Ganzen beleuchten. Und nicht zuletzt besteht auch noch Erklärungsbedarf hinsichtlich der Hartnäckigkeit vieler naiver Vorstellungen gegen Vermittlungsversuche. Möglicherweise ist in manchen biologischen Themenbereichen eine Spannung zwischen explizitem und implizitem Wissen für diese Misserfolge mitverantwortlich, die wir derzeit noch nicht hinreichend einschätzen können.

3.5 Ausblick

Folgende Forschungsfragen gilt es mit Blick auf die Ergebnisse des Round Table *Vorstellung und Theorie,* zukünftig in der biologiedidaktischen Forschung zu beantworten:

- Wie können Vernetzung und Kohärenz der biologischen Vorstellungswelt beim Lerner am besten gefördert werden? Lässt sich die Wirksamkeit von Instruktionen besser vorhersagen, wenn der Fokus der Vorstellungsforschung stärker auf dem Zusammenspiel der Vorstellungswelt im Kopf der Lernenden liegt? (*knowledge-integration-approach,* These 1)
- Wenn das implizite Wissen der Lehrperson (ihr Lehrhabitus) ihren Umgang mit Schülervorstellungen strukturiert, wie müssen dann die klassischen Theorien ergänzt bzw. erweitert werden, um Lernprozesse besser erklären zu können? (These 2)
- Welche Kompetenzen beim Umgang mit Vorstellungen (Kap. 2) benötigen Novizen im Lehrerberuf, um biologisches Wissen fachlich klären und effektiv vermitteln zu können? Welche Modellierungen (digital oder körperlich-konkret) eignen sich jeweils dazu, die Vorstellungsentwicklung in einem bestimmten Teilgebiet der Biologie zu fördern? (Thesen 3, 4 und 5)

Abschließend sei bemerkt: Für die Wirksamkeit der Vorstellungsforschung in der Lehrpraxis sind zeitgemäße und fruchtbare Theorien zwar wichtig, aber längst nicht hinreichend. Noch verhindert vielerorts die vorherrschende Lernkultur in den Schulen (Aufgaben, Schulbücher, Lernpraxis), dass Verstehensprobleme überhaupt deutlich werden, geschweige denn im Mittelpunkt des Unterrichts stehen. Wünschenswert wäre im Unterricht ein „Ringen um Verständnis“, das auch Abwege und Umwege zulässt. Stattdessen werden Fehler häufig eher bestraft zugunsten einer oberflächlichen Lernkultur, damit man „den Stoff schafft“. Die beste Theorieentwicklung bleibt wirkungslos, wenn dies nicht gleichzeitig mit einem Kulturwandel in der Lehreraus- und -weiterbildung einhergeht, der das schulische Lernen zu verändern hilft. Immerhin gibt es erste Lehrbücher für die Schule, die auf Ergebnissen der Vorstellungsforschung basieren und das Verstehen in den Mittelpunkt stellen (Kattmann 2019).

Anmerkungen

1. Aus Gründen der leichteren Lesbarkeit wird auf die geschlechtsspezifische Unterscheidung verzichtet. Die grammatisch männliche Form wird geschlechtsneutral verwendet und meint das weibliche und männliche Geschlecht gleichermaßen.
2. Pfeil bedeutet: Bitte siehe Poster im Online-Ergänzungsmaterial.

Literatur

Amin T, Levrini O (2018) Converging and complementary perspectives on conceptual change. Routledge, New York

Baumert J, Kunter M (2006) Stichwort: Professionelle Kompetenz von Lehrkräften. Zeitschrift für Erziehungswissenschaft 9:469–520

Clark D, Linn MC (2013) The knowledge integration perspective: connections across research and education. In: Vosniadou S (Hrsg) International handbook of research on conceptual change, 2. Aufl. Routledge, New York, S 61–82

Duit R, Gropengießer H, Kattmann U, Komorek M, Parchmann I (2012) The model of educational reconstruction – a framework for improving teaching and learning science. In: Jorde D, Dillon J (Hrsg) Science education research and practice in Europe. Sense, Rotterdam, S 13–37

Gebhard U (2007) Intuitive Vorstellungen bei Denk- und Lernprozessen: Der Ansatz „Alltagsphantasien". In: Krüger D, Vogt H (Hrsg) Theorien in der biologiedidaktischen Forschung. Springer, Heidelberg

Gresch H, Martens M (2018) Teleology as a tacit dimension of teaching and learning evolution: a sociological approach to classroom interaction in science education. J Res Sci Teach. online first, 1R27

Gropengießer H (2006) Wie man Vorstellungen der Lerner verstehen kann. Lebenswelten, Denkwelten, Sprechwelten. Didaktisches Zentrum, Universität Oldenburg, Oldenburg, Sprechwelten

Gropengießer H, Kattmann U (2016) Didaktische Rekonstruktion. In: Gropengießer H, Harms U, Kattmann u (Hrsg) Fachdidaktik Biologie. Aulis, Hallbergmoos, S 16–23

Gropengießer H, Marohn A (2018) Schülervorstellungen und Conceptual Change. In: Krüger D, Parchmann I, Schecker H (Hrsg) Theorien in der naturwissenschaftsdidaktischen Forschung. Springer, Heidelberg

Gropengießer H, Groß J (2019) Lernstrategien für das Verstehen biologischer Phänomene: Die Rolle der verkörperten Schemata und Metaphern in der Vermittlung. In: Groß J, Hammann M, Schmiemann P, Zabel J (Hrsg) Biologiedidaktische Forschung: Perspektiven für die Praxis. Springer, Heidelberg

Hammann M (2019) Organisationsebenen biologischer Systeme unterscheiden und vernetzen: Empirische Befunde und Empfehlungen für die Praxis. In: Groß J, Hammann M, Schmiemann P, Zabel J (Hrsg) Biologiedidaktische Forschung: Perspektiven für die Praxis. Springer, Heidelberg

Kattmann U (2019) Neue Wege in die Biologie: Naturgeschichte der Wirbeltiere. Vielfalt, Abstammung, Verwandtschaft, Verwandtschaft. Friedrich, Seelze

Krüger D, Vogt H (Hrsg) (2007) Theorien in der biologiedidaktischen Forschung. Springer, Heidelberg

Lakoff G (1990) Women, fire, and dangerous things. Chicago University Press, Chicago

Lakoff G, Johnson M (2000) Leben in Metaphern, 2. Aufl. Auer, Heidelberg

Mannheim K (1980) Strukturen des Denkens. Suhrkamp, Frankfurt a. M.

Marsch S (2009) Metaphern des Lehrens und Lernens: vom Denken, Reden und Handeln bei Biologielehrern. Veröffentlichte Dissertation, Freie Universität Berlin, Berlin

Potvin P, Sauriol É, Riopel M (2015) Experimental evidence of the superiority of the prevalence model of conceptual change over the classical models and repetition. J Res Sci Teach 52(8):1082–1108

Roth G (1997) Das Gehirn und seine Wirklichkeit. Suhrkamp, Frankfurt a. M.

Schrenk M, Gropengießer H, Groß J, Hammann M, Weitzel H, Zabel J (2019) Schülervorstellungen im Biologieunterricht. In: Groß J, Hammann M, Schmiemann P, Zabel J (Hrsg) Biologiedidaktische Forschung: Perspektiven für die Praxis. Springer, Heidelberg
Vosniadou S (2013) (Hrsg) International handbook of research on conceptual change, 2. Aufl. Routledge, New York
Weitzel H (2006) Biologie verstehen: Vorstellungen zu Anpassung. Didaktisches Zentrum, Oldenburg
Zabel J, Gropengießer H (2011) Learning progress in evolution theory: climbing a ladder or roaming a landscape? J Biol Educ 45(3):143–149
Zabel J, Gropengießer H (2015) What can narrative contribute to students' understanding of scientific concepts, e.g. Evolution theory? J Eur Teach Educ Netw 10:136–146

Weiterführende Literatur

Diese Neuerscheinung fasst die Ergebnisse biologiedidaktischer Forschung für die Praxis jeweils in einem Forschungsüberblick zusammen. Die 31 Autoren beschreiben Ausgangslagen und Hintergründe, biologiedidaktische Innovationen und Ergebnisse. So lässt sich der Ertrag der jeweiligen Forschungsprogramme und damit auch die Praxiswirksamkeit der Theorien aktuell einschätzen, auch die der Vorstellungsforschung:

Groß J, Hammann M, Schmiemann P, Zabel J (Hrsg) (2019) Biologiedidaktische Forschung: Perspektiven für die Praxis. Springer, Heidelberg

Die Herausgeber haben ein umfangreiches Expertenteam zusammengebracht und untersuchen umfassend, wie sich unterschiedliche Fragestellungen des Conceptual-Change-Paradigmas ergänzen und im Laufe der Zeit zusammengewachsen sind:
Dieses Handbuch erörtert theoretische und methodische Fragen rund um *conceptual change*, auch in fachspezifischen Kapiteln, z. B. zu Vorstellungen in der Biologie:

Vosniadou S (2013b) International handbook of research on conceptual change. Routledge, New York

Prof. Dr. Jörg Zabel leitet seit 2011 die Arbeitsgruppe Biologiedidaktik am Institut für Biologie der Universität Leipzig. Er sammelte einige Jahre Berufserfahrung als Gymnasiallehrer für die Fächer Biologie und Deutsch in Niedersachsen und promovierte 2009 an der Leibniz Universität Hannover über das Verstehen der Evolutionstheorie durch Schülerinnen und Schülern der Sekundarstufe I. Sein fachdidaktisches Interesse gilt der Vorstellungsforschung zur Evolution, Ökologie und Verhaltensbiologie, der Vermittlung biologischen Wissens im Rahmen von Conceptual Change, sowie insbesondere der Rolle von Metaphern und Geschichten beim Verstehen und Bewerten biologischer Zusammenhänge.

Wissensstrukturansätze in der Schülervorstellungsforschung

4

Kohärenzprobleme erfordern Wissensvernetzung

Marcus Hammann

Zusammenfassung

Zwei Ansätze der Schülervorstellungsforschung, die auf Wissensvernetzung fokussieren, werden in diesem Beitrag zusammengeführt, nämlich einerseits Überlegungen zum Organisationsebenen-vernetzenden Denken in biologischen Systemen und andererseits Überlegungen zu *knowledge integration perspective on conceptual change*. Eine Kernaussage des ersten Theoriehintergrunds ist, dass Konzepte beim Erklären von biologischen Phänomenen vertikal (über verschiedene Organisationsebenen hinweg) und horizontal (entlang derselben Organisationsebene) unterschieden und vernetzt werden müssen. Eine zentrale Aussage des zweiten Theoriehintergrunds ist, dass *integrated knowledge networks* das Ziel der Rekonstruktion von Schülervorstellungen sind. Es wird argumentiert, dass Maßnahmen, die horizontale und vertikale Kohärenz in den Erklärungen von Lernenden[1] fördern und der Schaffung vernetzter Wissensstrukturen dienen, hilfreich sind, um Schülervorstellungen zu rekonstruieren.

M. Hammann (✉)
Zentrum für Didaktik der Biologie, Westfälische Wilhelms-Universität Münster, Münster, Deutschland
E-Mail: hammann.m@uni-muenster.de

B. Reinisch et al. (Hrsg.), *Biologiedidaktische Vorstellungsforschung: Zukunftsweisende Praxis,* https://doi.org/10.1007/978-3-662-61342-9_4

4.1 Einführung

Der Beitrag fokussiert auf die Weiterentwicklung biologiedidaktischer Schülervorstellungsforschung durch Herstellung von Bezügen zwischen unterschiedlichen Theoriehintergründen: Den Ansätzen des Organisationsebenen-vernetzenden Denkens (Hammann 2019) und der *knowledge integration perspective on conceptual change* (Clark und Linn 2013).

Die Literatur zum Organisationsebenen-vernetzenden Denken fand ihren Ausgangspunkt in der theoretischen Überlegung, dass das Erklären biologischer Phänomene häufig den Wechsel zwischen den Organisationsebenen biologischer Systeme erfordert (Knippels und Waarlo 2018; Hammann 2019). Wichtige Organisationsebenen biologischer Systeme sind Biosphäre, Ökosystem, Lebensgemeinschaft (Biozönose), Organismus, Organsystem, Organ, Gewebe, Zelle, Organell Molekül und Atom. Häufig bleiben die verschiedenen Organisationsebenen im Biologieunterricht allerdings unvernetzt, so dass die Lernenden ein Phänomen (z. B. Atmung) ausschließlich organismisch betrachten (z. B. äußere Atmung), nicht aber auch zusätzlich auf der Ebene der Organellen, Moleküle und Atome (z. B. innere Atmung). Wichtige Zusammenhänge bleiben so verborgen, beispielsweise die Funktion des eingeatmeten Sauerstoffs als Endakzeptor für Elektronen in der Atmungskette.

In der Literatur zum Organisationsebenen-vernetzenden Denken wird zwischen vertikaler und horizontaler Kohärenz in den Erklärungen der Lernenden unterschieden (Hammann 2019). Der Begriff vertikale Kohärenz bezeichnet die Unterscheidung und Vernetzung von Konzepten unterschiedlicher Organisationsebenen. Analog bezeichnet der Begriff horizontale Kohärenz die Unterscheidung und Vernetzung von Konzepten derselben Organisationsebene. Eine große Zahl von Schülervorstellungen konnte vor dem Hintergrund der Überlegungen zu vertikaler Kohärenz in den Erklärungen der Lernenden analysiert werden (Jördens et al. 2016; Hammann 2019). Dabei ergaben sich Einblicke in zwei Lernbedarfe: Einerseits neigen Lernende zur Verwechslung von Konzepten unterschiedlicher Organisationsebenen (*confusion of levels* oder auch *slippage of levels,* Wilensky und Resnik 1999). Daher müssen Lernangebote geschaffen werden, die Lernende unterstützen, Konzepte unterschiedlicher Organisationsebenen zu unterscheiden, beispielsweise Gen und Merkmal bei der Schülervorstellung der Merkmalsvererbung. Andererseits neigen Lernende dazu, Konzepte unterschiedlicher Organisationsebenen unvernetzt zu lassen (*disconnect between levels,* Brown und Schwarz 2009; Jördens et al. 2016). Dabei wird ein Phänomen ausschließlich mit Konzepten der einen Organisationsebene erklärt, obwohl zu seiner vollständigen Erklärung die Betrachtung von Konzepten unterschiedlicher Organisationsebenen und die Herstellung von Bezügen zwischen den Konzepten notwendig ist. Daher ergab sich der Lernbedarf, Konzepte unterschiedlicher Organisationsebenen zu vernetzen, beispielsweise phänotypischer Wandel und Veränderung von Allelfrequenzen bei der Schülervorstellung, dass evolutiver Wandel ausschließlich phänotypisch begriffen wird (Jördens et al. 2016, 2018).

Der Ansatz *knowledge integration perspective on conceptual change* ist ein strukturanalytischer Ansatz der Schülervorstellungsforschung (Clark und Linn 2013). Er ist wegen seines Anspruchs von besonderer Bedeutung, die klassischen Ansätze der *framework theory perspective* (Vosniadou et al. 2008) und der *knowledge in pieces perspective* (diSessa 1988) zu verbinden. Zentraler Aspekt des Ansatzes ist die Verknüpfung von Konzepten zu *integrated knowledge networks* (Clark und Linn 2013). *Knowledge integration* wird definiert als „creating and reinforcing the connection between two ideas" (S. 522). Grundsätzlich setzen die Autoren *conceptual reconstruction* mit vielfältigen Veränderungen der Wissenstrukturen der Lernenden gleich. Die entsprechenden Lernaktivitäten fokussieren unter anderem auf „reorganizing and reconnecting ideas", „distinguishing ideas to achieve a coherent understanding" und „designing productive ideas" (Clark und Linn 2013, S. 522 f.). Auf der Ebene konzeptueller Veränderungen unterscheiden Clark und Linn (2013, S. 522) speziell zwischen **Integration** (Vernetzung von Konzepten), **Verschmelzung** (Zusammenführung unterschiedlicher Konzepte zu einem Konzept), **Differenzierung** (Aufsplittung eines Konzepts in distinkte Komponenten) und **Überprüfung** (Neubewertung eigener Konzepte vor dem Hintergrund der neu erworbenen Konzepte). Aus diesen Prozessen ergeben sich konzeptuelle Umstrukturierungen, die häufig (aber nicht immer) Annäherungen an die normativen Erklärungen bedeuten, die im Unterricht angestrebt werden. Auch können durch derartige konzeptuelle Umstrukturierungen lokale und globale Konflikte entstehen, die allerdings von den Lernenden unbemerkt bleiben können.

Der Ansatz *knowledge integration perspective on conceptual change* wurde jüngst auf das Verständnis von Transkription, Translation und DNA-Replikation (Southard et al. 2016) sowie die Merkmalsentstehung im Genetikunterricht bezogen (Haskel-Ittah und Yarden 2018). Dabei zeigt sich übereinstimmend, dass sich Schülervorstellungen durch Wissensintegration verändern lassen. Speziell verdeutlicht die Studie zum Genetikunterricht, dass die Schülervorstellung **Gene beeinflussen Merkmale** anschlussfähiger für die unterrichteten Mechanismen der Merkmalsentstehung (z. B. Transkription, Translation) ist als die Schülervorstellung **Gene sind Merkmale.** Bei letzterer wird Gen und Merkmal gleichgesetzt, so dass sich aus Sicht der Lernenden die Frage nach der Merkmalsentstehung gar nicht erst stellt: Ist das Gen vorhanden, ist auch das Merkmal vorhanden.

Im vorliegenden Beitrag wird argumentiert, dass sich die beiden theoretischen Ansätze des Organisationsebenen-vernetzenden Denkens und der *knowledge integration perspective on conceptual change* produktiv verbinden lassen. Es wird referiert, dass sich Unterschiede zwischen Schülervorstellungen und fachlichen Vorstellungen zu biologischen Phänomenen vor dem Hintergrund von Überlegungen zu horizontaler und vertikaler Kohärenz analysieren lassen. Speziell lassen sich in Bezug auf horizontale und vertikale Kohärenz jeweils zwei spezifische Herausforderungen identifizieren, die als Lernbedarf formuliert werden können: die Unterscheidung und Vernetzung von Konzepten derselben und unterschiedlicher Organisationsebenen.

Im Beitrag werden Beispiele der Schülervorstellungsforschung analysiert, um die These zu beleuchten, dass Biologieunterricht explizit das Organisationsebenen-vernetzende Denken fördern sollte, um Schülervorstellungen durch Unterscheidung und Vernetzung von Konzepten derselben und unterschiedlicher Organisationsebenen zu rekonstruieren.

4.2 Leitfragen

Der vorliegende Beitrag greift die Leitfragen des Round-Table-Gesprächs **Vorstellung und Theorie** auf. Leitfragen waren unter anderem, inwiefern die klassischen Theorien der Schülervorstellungsforschung veränderten Anforderungen standhalten und inwiefern weitere theoretische Perspektiven an empirische Befunde herangetragen werden können (Kap. 3). Zur Prüfung dieser Fragen wird in diesem Beitrag ein Teilbereich der Schülervorstellungsforschung herangezogen, der sich mit Kohärenz in den Erklärungen biologischer Phänomene und Fragen der Wissensvernetzung beschäftigt. Zunächst werden Schülervorstellungen vor dem Hintergrund von Überlegungen zu vertikaler und horizontaler Kohärenz analysiert. Dies erfolgt vor dem Hintergrund der Annahme, dass Schülervorstellungen durch Lehr-Lern-Strategien zur Wissensvernetzung rekonstruiert werden können. Dabei wird geprüft, ob sich der Ansatz *knowledge integration perspective on conceptual change* mit dem Ansatz **Organisationsebenen-vernetzendes Denken** verbinden lässt, da letzterer bislang selten mit der Rekonstruktion von Schülervorstellungen in Verbindung gebracht wurde. Dabei wird die These vorgestellt, dass Lerngelegenheiten zur Unterscheidung und Vernetzung von Konzepten derselben und unterschiedlicher Organisationsebenen geschaffen werden sollten, um Schülervorstellungen zu rekonstruieren.

4.3 Diskurs

▶ **These 1** Lerngelegenheiten zur Unterscheidung und Vernetzung von Konzepten eignen sich, um Schülervorstellungen zu rekonstruieren.

Für die Rekonstruktion von Schülervorstellungen ist die Unterscheidung und Vernetzung von Konzepten zentral (für einen Überblick über Ergebnisse der Schülervorstellungsforschung, die diesen Lernbedarf belegen, Hammann 2019; Jördens et al. 2016). Lehr-Lern-Strategien zur Rekonstruktion von Schülervorstellungen sollten daher den Lernenden Gelegenheit geben, neue Konzepte mit bestehenden Konzepten zu vergleichen, sie zu unterscheiden und entsprechend zu vernetzen. Dabei können die Konzepte, die aus fachlicher Perspektive unterschieden und vernetzt werden müssen, auf derselben Organisationsebene (horizontale Kohärenz) oder auf unterschiedlichen

Organisationsebenen (vertikale Kohärenz) verortet sein. In den folgenden Abschnitten werden Beispiele für die folgenden vier Typen von Lernbedarf zur Rekonstruktion von Schülervorstellungen beschrieben:

- **Unterscheidung** von Konzepten **unterschiedlicher** Organisationsebenen,
- **Vernetzung** von Konzepten **unterschiedlicher** Organisationsebenen,
- **Unterscheidung** von Konzepten **derselben** Organisationsebene und
- **Vernetzung** von Konzepten **derselben** Organisationsebene.

Zunächst soll ein Beispiel für den Lernbedarf der **Unterscheidung** von Konzepten **unterschiedlicher** Organisationsebenen beschrieben werden: Die Schülervorstellung der gerichteten Bewegung von Teilchen (Hammann 2019; Hammann und Asshoff 2014). Zur fachlich angemessenen Erklärung des Phänomens (Stoffe breiten sich aus), das auf der Makroebene beobachtet werden kann, muss wiederholt auf die Teilchenebene abgestiegen werden, um fachliche Konzepte heranzuführen, mit denen der Konzentrationsausgleich erklärt werden kann, nämlich die Zufälligkeit der Brown'schen Molekularbewegung und der Konzentrationsgradient. Die Unterscheidung von Konzepten unterschiedlicher Organisationsebenen steht dabei im Fokus, denn viele Lernende differenzieren nicht zwischen ihnen und übertragen die Eigenschaften der Makroebene (gerichtete Bewegung der Farbfront bei einem Diffusionsversuch mit Kaliumpermanganat) auf die Eigenschaften der Teilchen (gerichtete Bewegung der Teilchen). Sie argumentieren beispielsweise, dass sich die Teilchen gerichtet bewegen und den Konzentrationsausgleich anstreben.

Als Reaktion auf diesen Lernbedarf wurde vorgeschlagen, die Diffusion zunächst auf der Makroebene zu betrachten (Stoffe breiten sich aus) und anschließend auf die Teilchenebene zu wechseln (Hammann und Asshoff 2014). Zunächst wird den Lernenden die Zufälligkeit der Teilchenbewegung verdeutlicht, beispielsweise durch den *random walk* der Teilchen (Haddad und Baldo 2010). Hierbei handelt es sich um eine Unterrichtsaktivität, bei der die Lernenden Teilchen repräsentieren. Sie bewegen sich nach dem wiederholten Wurf einer Münze einen Schritt nach links bzw. rechts. Am Ende dieser Aktivität steht die Erkenntnis, dass die Teilchenbewegung zufällig und ungerichtet erfolgt. Das gerichtete Wandern der Farbfront muss also von der ungerichteten Teilchenbewegung unterschieden werden. Anschließend wird erarbeitet, dass der Konzentrationsausgleich gerichtet von Orten hoher zu niedriger Konzentration erfolgt, obwohl sich Teilchen immer zufällig bewegen, also unabhängig davon, ob sich ein Teilchen an einem Ort hoher oder niedriger Konzentration befindet. Dabei steht der Konzentrationsgradient im Vordergrund: Es wird eine große Zahl an Teilchen betrachtet, beispielsweise tausend Teilchen an einem Ort hoher Konzentration und zehn Teilchen an einem Ort niedriger Konzentration. Die Lernenden werden aufgefordert, in Wahrscheinlichkeiten zu denken. Sie erkennen, dass sich zwar jedes Teilchen zufällig und ungerichtet bewegt, dass aber Teilchen an einem Ort hoher Konzentration mit einer hundertmal höheren Wahrscheinlichkeit an einen Ort niedriger Konzentration gelangen als umgekehrt. Die Lernenden verstehen, dass die Zufälligkeit der Teilchenbewegung und der Konzentrationsgradient (und nicht eine gerichtete Bewegung) die Ursachen des Nettoflusses sind. In Simulationen kann der Konzentrationsgradient variiert werden, und die Lernenden können die Prinzipien des Nettoflusses anschaulich nachvollziehen.

Eine weitere Herausforderung betrifft die **Vernetzung** von Konzepten **unterschiedlicher** Organisationsebenen: Dies belegt eine Interviewsequenz mit Lernenden der Mittelstufe zur Steuerung der Zellfunktionen durch den Zellkern (Hammann und Asshoff 2014). Es wird die Frage gestellt, wie der Zellkern die Funktionen der Zelle steuert. Zur Beantwortung der Frage muss von der Ebene der Zellorganellen (Zellkern) auf die Ebene der Moleküle (DNA, m-RNA, Proteine) gewechselt und auf die Konzepte der Transkription und Translation zurückgegriffen werden. In der Interviewsequenz nutzen die Lernenden allerdings nicht das ihnen bereits vermittelte molekularbiologische Wissen über Transkription und Translation, sondern verbleiben in ihrer Argumentation auf der Ebene der Zellorganellen bzw. auf der Ebene von Organen, die ein Einzeller nicht besitzt: „Der Zellkern weiß, wie die Zelle funktionieren muss und wenn irgendetwas schiefläuft, ändert der Zellkern etwas; er gibt Befehle wie das Gehirn" (Hammann und Asshoff 2014, S. 97). Aus fachlicher Perspektive belegt dieses Beispiel den Lernbedarf, dass das Konzept der Steuerung, das auf der Organisationsebene der Organellen den Ausgangspunkt der Betrachtung bildet, mit den Konzepten der Transkription und Translation vernetzt werden muss, die auf der Organisationsebene der Moleküle verortet sind.

Speziell müssen die Lernenden die Steuerung der Genexpression bei Eukaryoten verstanden haben, um die Interviewfrage zu beantworten. Aus fachlicher Sicht sind dabei die Transkriptionsfaktoren relevant, die an die DNA binden und damit die Transkription eines Gens aktivieren. An einem speziellen Fall kann dies im Unterricht behandelt werden, an der Gluconeogenese als Stressantwort. Dabei wird gelernt, woher der Zellkern „weiß, dass etwas schiefläuft" (Diffusion von Cortisol durch die Zellmembran in das Cytoplasma, Bindung an einen Rezeptor im Cytoplasma, Verschiebung des Rezeptor-Cortisol-Komplexes in den Zellkern) und wie der Zellkern „etwas ändert und Befehle gibt" (Rezeptor-Cortisol-Komplex aktiviert Transkription, m-RNA verlässt Zellkern, Translation am Ribosom). Auf diese Art und Weise „gibt der Zellkern also den Befehl", eine große Menge an spezifischen Proteinen im Cytoplasma zu synthetisieren, die die Umwandlung von Aminosäuren zu Glucose begünstigen. Üblicherweise wird die Regulation der Genexpression aber erst in der Oberstufe thematisiert (allerdings oft bei Prokaryoten und nicht bei Eukaryoten), so dass den Lernenden der Mittelstufe im zitierten Beispiel die Steuerungsfunktion des Zellkerns auf der Organisationsebene des Organells bekannt ist, aber die zur Erklärung notwendigen Konzepte der molekularen Zellbiologie fehlen.

Ein Beispiel für den Lernbedarf der **Vernetzung** von Konzepten **derselben** Organisationsebene stammt aus einer Untersuchung zum Verfolgen von Stoffen *(tracing matter)* im Kohlenstoffkreislauf (Düsing et al. 2019). Lernende der Mittelstufe wurden aufgefordert, Kohlenstoff zu verfolgen und anzugeben, in welchen Verbindungen sich der Kohlenstoff befindet. Viele Lernende konstruierten einen Gas-Gas-Kreislauf, bei dem Produzenten Sauerstoff herstellen, den die Konsumenten anschließend aufnehmen. Diese wandeln nach Vorstellung der Lernenden den Sauerstoff zu Kohlenstoffdioxid um, den die Produzenten anschließend aufnehmen und zu Sauerstoff umwandeln (Mohan et al. 2009). Grundlegend für den Gas-Gas-Kreislauf ist die Schülervorstellung, dass Photosynthese eine Art „inverse breathing" darstellt (Hammann und Asshoff 2014, S. 149), wobei die Photosynthese auf den Austausch der beteiligten Gase reduziert wird und im Gegensatz zur Atmung der Tiere bei Pflanzen Kohlenstoffdioxid aufgenommen und Sauerstoff abgegeben wird. Die beiden Konzepte Photosynthese und Zellatmung sind somit unzureichend vernetzt.

Als Reaktion auf die Schwierigkeiten von Lernenden, die Zusammenhänge zwischen Photosynthese und Zellatmung zu erkennen, wurde die Lehr-Lern-Strategie *tracing matter* entwickelt (Wilson et al. 2006). Zu *tracing matter* gehört maßgeblich der Vergleich von Ausgangsstoffen und Produkten der Photosynthese und Zellatmung (Wilson et al. 2006, S. 324). Damit wird auf wesentliche Zusammenhänge fokussiert. Weiterhin gehört zu *tracing matter* die Bearbeitung problemorientierter Aufgaben, die es erfordern, den Zuwachs von Biomasse durch Photosynthese und den Verlust von Biomasse durch Zellatmung zu erklären (vgl. „Rettichsamen" und „Frühjahrskur" in Wilson et al. 2006 und Hammann und Asshoff 2014, S. 143, 157). Werden Photosynthese und Zellatmung im Kontext des Kohlenstoffkreislaufs durch *tracing matter* vernetzt, ist dies förderlich für das Verständnis von Stoffflüssen. Speziell nahm in einer Evaluationsstudie die Anzahl der Lernenden ab, die, wie eingangs beschrieben, zwischen Kohlenstoff und Sauerstoff wechselten (Atome wechseln), anstatt Stoffe zu verfolgen (Asshoff et al. 2019). Für diesen Effekt kann unter anderem die Tatsache verantwortlich gemacht werden, dass Photosynthese und Zellatmung im Kontext der Fragestellung, ob Bäume bei erhöhter Kohlenstoffdioxidkonzentration mehr Biomasse bilden, zueinander in Beziehung gesetzt wurden.

Ein Beispiel für den Lernbedarf der **Unterscheidung** von Konzepten **derselben** Organisationsebene stammt aus einer Untersuchung des Energieverständnisses von Lernenden im Kontext des Kohlenstoffkreislaufs (Dauer et al. 2014). Speziell wurden die Lernenden gefragt, woher ein Baum seine Energie erhält. Ein Lernender antwortete, dass alle Dinge, die ein Baum zum Wachsen braucht, Energiequellen darstellen, nämlich Wasser, Nährstoffe, Sonne und Kohlenstoff (Dauer et al. 2014, S. 51). Folglich unterscheidet der Lernende nicht zwischen Stoff (z. B. Kohlenstoff) und Energie (z. B. Lichtenergie) und führt ebenfalls fachlich inadäquat energiearme Moleküle (z. B. Wasser) als Energiequelle an. Die fehlende Unterscheidung von Stoff und Energie ist zudem häufig mit der Vorstellung verbunden, dass Stoffe beim abbauenden Stoffwechsel in Energie umgewandelt werden (zum Kategorienfehler vgl. Hammann und Asshoff 2014).

Als Reaktion auf den Lernbedarf, Konzepte zu unterscheiden, wird daher empfohlen, Stoffe und Energie getrennt zu verfolgen (Dauer et al. 2014; Parker et al. 2012). Stoffe verfolgen *(tracing matter)* kann anhand einer Aufgabe geschehen, bei der die Lernenden ausgehend von einem Produzenten und einem Konsumenten, die vorgegeben werden, einen Kohlenstoffkreislauf konstruieren (Düsing et al. 2019). Zusätzlich werden die Lernenden aufgefordert, Pfeile einzuzeichnen und zu annotieren sowie einen Text zu ihrer Zeichnung zu schreiben. Wesentlich ist dabei die Unterscheidung zwischen Stoff und Energie. Darüber hinaus aktivieren die Lernenden ihr Wissen über kohlenstoffhaltige Verbindungen in verschiedenen Aggregatzuständen und beschreiben Stoffumwandlungen. Anschließend wird eine neue Zeichnung angefertigt und beschrieben. Wieder werden ein Produzent und ein Konsument vorgegeben, aber diese Mal soll ein Energiefluss konstruiert werden. Zum Verfolgen von Energie *(tracing energy)* gehört maßgeblich, dass Energieformen unterschieden und Energieumwandlungen beschrieben sowie die Prinzipien des Energieerhalts und der Energieentwertung beachtet werden. Abschließend werden der Stoffkreislauf und der Energiefluss verglichen, um Unterschiede zu verdeutlichen.

4.4 Fazit

Die biologiedidaktische Schülervorstellungsforschung erbrachte zahlreiche Beispiele für die Notwendigkeit, bei der Rekonstruktion von Schülervorstellungen Konzepte zu unterscheiden und zu vernetzen. Hierdurch werden zentrale theoretische Überlegungen des Ansatzes *knowledge integration perspective on conceptual change* von Clark und Linn (2013) gestützt. Allerdings ist der Ansatz komplexer als in diesem Beitrag dargestellt. Die Autoren beschreiben sehr nuanciert die vielfältigen Veränderungen reichhaltiger und individuell unterschiedlicher Wissensstrukturen. Sie sehen dabei unter anderem die entstehende Wissensbasis als Voraussetzung für lebenslanges Lernen an, ohne dabei individuelle Unterschiede von Lernpfaden zu vernachlässigen. Auf diese Aspekte wurde im vorliegenden Beitrag nicht eingegangen. Der Beitrag von Clark und Linn (2013) wird zudem durch zahlreiche Beispiele empirischer physikdidaktischer Forschung gestützt. Entsprechende Analysen zu Befunden biologiedidaktischer Vorstellungsforschung konnten in dem hier vorliegenden Beitrag nur in Ansätzen beschrieben werden und stellen ein Desiderat biologiedidaktischer Schülervorstellungsforschung dar. Dieses Desiderat wird besonders deutlich, wenn der Versuch unternommen wird, aus Sicht der Biologiedidaktik theoriebildend zum Ansatz *knowledge integration perspective on conceptual change* von Clark und Linn (2013) beizutragen.

Zusammenfassend stützen die in diesem Beitrag getroffenen Aussagen zur Wichtigkeit, Konzepte zu unterscheiden und zu vernetzen, zentrale Aussagen von Clark und Linn (2013), die wiederholt von Vernetzungen („creating or reinforcing the connection of ideas“) und Unterscheidungen („the reverse process, wherein one idea splits into two distinct components“) sprechen (Clark und Linn 2013, S. 522). Ergänzt wurden die Ausführungen von Clark und Linn (2013) durch die Unterscheidung zwischen horizontalen und vertikalen Vernetzungen auf der Grundlage von Ausführungen zum

Organisationsebenen-vernetzenden Denken. Dabei zeigte sich allerdings kein grundlegender Überarbeitungsbedarf des Ansatzes *knowledge integration perspective on conceptual change.* Vielmehr hat die biologiedidaktische Literatur dem Vernetzen der Organisationsebenen beim Erklären biologischer Phänomene besondere Beachtung geschenkt, um Anforderungen beim Erklären biologischer Phänomene zu verstehen. Die theoretische Betrachtungstiefe, die aus diesem Erkenntnisinteresse resultiert und die sich in der Literatur zum Organisationsebenen-vernetzenden Denken in biologischen Systemen niederschlägt, kann sich aber als nützlich erweisen, wenn man die Überlegungen von Clark und Linn (2013) biologiedidaktisch spezifizieren und für biologiedidaktische Forschung verwenden möchte.

4.5 Ausblick

Der Beitrag von Clark und Linn (2013) zeigt, dass die Theoriebildung in der Schülervorstellungsforschung international weit vorangeschritten ist. Im vorliegenden Beitrag wurde aus biologiedidaktischer Perspektive begonnen, Lernbedarfe, die die Unterscheidung und Vernetzung von Konzepten betreffen, grundlegend zu systematisieren. Selbstverständlich lassen sich nicht alle Schülervorstellungen, die in der biologiedidaktischen Forschungsliteratur beschrieben wurden, in die Systematik, die hier unterbreitet wurde, einordnen. Die vorgeschlagene Systematik sollte daher erweitert und ergänzt werden. Grundsätzlich sind solche Systematiken hilfreich für Instruktionsstudien, denn sie können genutzt werden, um instruktionale Maßnahmen zu charakterisieren und Aussagen über die Wirksamkeit in Bezug auf die Art der Inbeziehungsetzung von Konzepten zu spezifizieren.

In der Schülervorstellungsforschung besteht aktuell ein Mangel an Studien, in denen die Rekonstruktion von Schülervorstellungen in Abhängigkeit von spezifischen Instruktionsstrategien untersucht wird. Die hier vorgestellte Kombination der beiden Theoriehintergründe kann genutzt werden, um im Rahmen zukünftiger Instruktionsstudien den Lernbedarf zu ermitteln, geeignete Lernangebote zu schaffen und ihre Wirkungen wissensstrukturanalytisch zu erklären. Bei einem ähnlichen Vorgehen wurden bereits Wirksamkeitsnachweise zur Instruktionsstrategie „Organisationsebenen unterscheiden und vernetzen“ für den Evolutionsunterricht (Jördens et al. 2016, 2018) und den Unterricht zum Kohlenstoffkreislauf (Asshoff et al. 2019) erbracht. Für viele andere Bereiche stehen ähnliche Entwicklungs- und Forschungsarbeiten noch aus, beispielsweise bei der Vernetzung der Prozesse vom Gen zum Merkmal. Derartige theoriegeleitete Wirksamkeitsnachweise sollten zukünftig vermehrt angestrebt werden. Dabei sollte allerdings auch das Prozesshafte der Rekonstruktion von Schülervorstellungen Beachtung finden, da dies allzu leicht in Prä-Post-Test-Evaluationsdesigns verloren gehen kann.

Anmerkungen

1. Aus Gründen der leichteren Lesbarkeit wird auf die geschlechtsspezifische Unterscheidung verzichtet. Die grammatisch männliche Form wird geschlechtsneutral verwendet und meint das weibliche und männliche Geschlecht gleichermaßen.

Literatur

Asshoff R, Düsing K, Winkelmann T, Hammann M (2019) Considering the levels of biological organisation when teaching carbon flows in a terrestrial ecosystem. J Biol Educ online first: 1–12

Brown MH, Schwarz RS (2009) Connecting photosynthesis and cellular respiration: Pre-service teachers' conception. J Res Sci Teach 46(7):791–812

Clark D, Linn MC (2013) The knowledge integration perspective: connections across research and education. In: Vosniadou S (Hrsg) International handbook of research on conceptual change. Routledge, New York, S 61–82

Dauer J, Miller H, Anderson CW (2014) Conservation of energy: an analytical tool for student accounts of carbon-transforming processes. In: Chen R, Eisenkraft A, Fortus D, Krajik J, Neumann K, Nordine JC, Scheff A (Hrsg) Teaching and learning of energy in K-12 education. Springer, New York, S 47–61

diSessa A (1988) Knowledge in pieces. In: Forman G, Pufall P (Hrsg) Constructivism in the computer age. Lawrence Erlbaum Associates, Hillsdale, S 49–70

Düsing K, Asshoff R, Hammann M (2019) Students' conceptions of the carbon cycle: identifying and interrelating components of the carbon cycle and tracing carbon atoms across the levels of biological organisation. J Biol Educ 53(1):110–125

Haddad H, Bald MVC (2010) Teaching diffusion with a coin. Adv Physiol Educ 34:156–157

Hammann M (2019) Organisationsebenen biologischer Systeme unterscheiden und vernetzen: Empirische Befunde und Empfehlungen für die Praxis. In: Groß J, Hammann M, Schmiemann P, Zabel J (Hrsg) Biologiedidaktische Forschung: Erträge für die Praxis. Springer, Heidelberg, S 77–91

Hammann M, Asshoff R (2014) Schülervorstellungen im Biologieunterricht: Ursachen für Lernschwierigkeiten. Klett|Kallmeyer, Seelze

Haskel-Ittah M, Yarden A (2018) Students' conceptions of genetic phenomena and its effect on their ability to understand the underlying mechanisms. CBE-Life Sci Educ 17:1–9

Jördens J, Asshoff R, Kullmann H, Hammann M (2016) Providing vertical coherence in explanations and promoting reasoning across levels of biological organization when teaching evolution. Int J Sci Educ 38(6):960–992

Jördens J, Asshoff R, Kullmann H, Hammann M (2018) Interrelating concepts from genetics and evolution: why are cod shrinking? Am Biol Teach 80(2):132–138

Knippels M-C, Waarlo AJ (2018) Development, uptake, and wider applicability of the Yo-Yo strategy in biology education research: a reappraisal. Educ Sci 8:129

Mohan L, Chen J, Anderson CW (2009) Developing a multi-year learning progression for carbon cycling in socio-ecological systems. J Res Sci Teach 46(6):675–698

Parker JM, Anderson CW, Heidemann M, Merrill J, Merritt B, Richmond G, Urban-Lurain M (2012) Exploring undergraduates' understanding of photosynthesis using diagnostic question clusters. CBE-Life Sci Educ 11:44–57

Southard K, Wince T, Meddleton S, Bolger MS (2016) Features of knowledge building in biology: understanding undergraduate students' ideas about molecular mechanisms. CBE- Life Sci Educ 15:1–16

Vosniadou S, Vamvakoussi X, Skopeliti I (2008) The framework theory approach to the problem of conceptual change. In: Vosniadou S (Hrsg) International handbook of research on conceptual change. Routledge, New York, S 61–82

Wilensky U, Resnick M (1999) Thinking in levels: a dynamic systems approach to making sense of the world. J Sci Educ Technol 8(1):3–19

Wilson CD, Anderson CW, Heidemann M, Merrill JE, Merritt BW, Richmond G, Sibley DF, Parker JM (2006) Assessing students' ability to trace matter in dynamic systems in cell biology. CBE-Life Sci Educ 5:323–331

Weiterführende Literatur

Dieses Buchkapitel beschreibt einen grundlegenden Wissensstrukturansatz der Schülervorstellungsforschung auf Basis konstruktivistischer Lerntheorien. Ein besonderer Fokus liegt auf der Integration, Verschmelzung, Differenzierung und Überprüfung von Konzepten. Es werden hauptsächlich Beispiele aus der physikdidaktischen Vorstellungsforschung gegeben:

Clark D, Linn MC (2013) The knowledge integration perspective: connections across research and education. In: Vosniadou S (Hrsg) International handbook of research on conceptual change. Routledge, New York, S 61–82

Dieses Buchkapitel beschreibt wichtige Befunde biologiedidaktischer Schülervorstellungsforschung vor dem Hintergrund des Organisationsebenen-vernetzenden Denkens. Ein besonderer Fokus liegt auf dem Lernbedarf, Konzepte unterschiedlicher Organisationsebenen zu unterscheiden und zu vernetzen (vertikale Kohärenz). Darüber hinaus werden Instruktionsstrategien und alternative Verfahren zur Auswahl bzw. Sequenzierung von Inhalten beschrieben, um vertikale Kohärenz in den Erklärungen von Lernenden zu sichern:

Hammann M (2019) Organisationsebenen biologischer Systeme unterscheiden und vernetzen: Empirische Befunde und Empfehlungen für die Praxis. In: Groß J, Hammann M, Schmiemann P, Zabel J (Hrsg) Biologiedidaktische Forschung: Erträge für die Praxis. Springer, Heidelberg, S 77–91

Die Jo-Jo-Lehr-und-Lern-Strategie wurde von den folgenden beiden Autoren zur Vernetzung von Organisationsebenen im Genetikunterricht entwickelt. Dabei wird abwechselnd auf eine tieferliegende Organisationsebene „abgestiegen" und auf eine höher liegende Organisationsebene „aufgestiegen". Nach 17 Jahren geben die Autoren einen Überblick über die Rezeption dieses Ansatzes in der fachdidaktischen Forschung. Sie gehen auch auf eine Instruktionsstudie zum Evolutionsunterricht ein, in der Genotyp und Phänotyp vernetzt wurden (Jördens et al. 2016, 2018):

Knippels M-C, Waarlo AJ (2018) Development, uptake, and wider applicability of the Yo-Yo strategy in biology education research: a reappraisal. Educ Sci 8:129

Prof. Dr. Marcus Hammann studierte Biologie und Englisch (Lehramt an Gymnasien) in Kiel und an der University of Kansas. Er promovierte 2002 am Leibniz-Institut für die Pädagogik der Naturwissenschaften und Mathematik zum kriteriengeleiteten Vergleichen im Biologieunterricht. Seit 2005 ist er Professor für Didaktik der Biologie an der Westfälischen Wilhelms-Universität Münster. Seine Forschungsschwerpunkte beziehen sich auf das Interesse an biologischen Themen sowie Lernschwierigkeiten im Evolutions- und Genetikunterricht. 2014 veröffentlichte er zusammen mit Dr. Roman Asshoff das Buch „Schülervorstellungen im Biologieunterricht: Ursachen für Lernschwierigkeiten." Dieses Buch bildete die Grundlage für sein Forschungsinteresse am Organisationsebenen-vernetzendem Denken im Biologieunterricht.

5 Schülervorstellungen als implizites Wissen: Genese und Umgangsweisen

Wissenssoziologischer Ansatz zur Erforschung von Biologieunterricht

Helge Gresch

Zusammenfassung

Entsprechend soziokultureller Theorien der Conceptual-Change-Forschung wird Bedeutung situativ in sozialen Interaktionen konstruiert. Um die Genese von Schülervorstellungen und den Umgang mit ihnen im Unterricht zu beforschen, bedarf es daher einer theoretischen und methodologischen Fundierung, die eine Analyse der unterrichtlichen Interaktionen ermöglicht. Grundlegend für den im Beitrag dargestellten Ansatz ist der empirische Befund, dass weder die eigenen Vorstellungen noch die eigenen Handlungen für die Schüler sowie die Lehrpersonen[1] reflexiv vollkommen zugängig sind, sondern zum Teil auf einer impliziten Ebene verbleiben. Basierend auf der Wissenssoziologie Mannheims und deren Weiterentwicklung durch Bohnsack wird ein theoretischer und methodologischer Zugang zu dieser Ebene impliziten Wissens dargestellt. Die Anwendbarkeit auf die biologiedidaktische Schülervorstellungsforschung wird vor dem Hintergrund empirischer Befunde diskutiert, die mit der dokumentarischen Methode gewonnen wurden. Fokussiert werden dabei die Genese von Schülervorstellungen sowie der Umgang mit ihnen im Unterricht. Abschließend werden Forschungsperspektiven zum Umgang mit Schülervorstellungen im Unterricht und im Bereich der Professionsforschung zum Lehrerberuf aufgezeigt.

H. Gresch (✉)
Zentrum für Didaktik der Biologie, Westfälische Wilhelms-Universität Münster, Münster, Deutschland
E-Mail: helgegresch@uni-muenster.de

B. Reinisch et al. (Hrsg.), *Biologiedidaktische Vorstellungsforschung: Zukunftsweisende Praxis,* https://doi.org/10.1007/978-3-662-61342-9_5

5.1 Einführung

Die Schülervorstellungsforschung basiert auf einer Vielzahl theoretischer Ansätze, die verschiedenen wissenschaftlichen Disziplinen entstammen. Besonders bedeutsam sind dabei entwicklungspsychologische, kognitionspsychologische, konstruktivistische, linguistische und soziokulturelle Theorien (vgl. Gropengießer und Marohn 2018; Mason 2007). Je nach theoretischer Perspektive unterscheiden sich dabei die Erklärungsansätze zur Genese der Vorstellungen und die daraus abgeleiteten Schlussfolgerungen zum Umgang mit ihnen im Unterricht. Konzeptentwicklungen können durch kognitive Konflikte, zum Beispiel in der Auseinandersetzung mit Daten, die den eigenen Vorstellungen widersprechen, ermöglicht werden oder durch die Reflexion verkörperter Schemata (Gropengießer und Marohn 2018). *Knowledge in Pieces,* d. h. fragmentierte Wissensbestände, sollen in ein kohärentes Wissenssystem eingebettet (diSessa 2013) oder kohärente Rahmentheorien aus intuitiven Wissensbeständen, zum Beispiel durch metakognitive Reflexion, verändert werden (Vosniadou 2013). Während die Schülervorstellungsforschung von kognitiv orientierten Ansätzen, die individuelle Veränderungen der Vorstellungen fokussieren, geprägt ist, werden im nationalen und internationalen Diskurs zunehmend sozialkonstruktivistische und soziokulturelle Perspektiven einbezogen, um Schülervorstellungen als situativ und in Interaktionen eingebunden zu beschreiben (Marohn 2008; Mason 2007; Mercer 2007). Damit gerät die kollektive Konstruktion von Wissen in den Fokus empirischer Studien. Diesbezüglich formulieren Mercer und Howe (2012) das Desiderat, im Bereich der Conceptual-Change-Forschung stärker als bisher die unterrichtlichen Interaktionen zu beforschen, um die situationsabhängige Genese von und den Umgang mit Schülervorstellungen im Unterricht besser zu verstehen. Doch gerade dieser soziokulturelle Zugang zur Conceptual-Change-Forschung bedarf einer methodologischen Weiterentwicklung (Mercer und Howe 2012).

Sowohl in kognitiv orientierten als auch in soziokulturellen Ansätzen werden Schülervorstellungen oft als intuitiv, implizit oder unterbewusst beschrieben und sind den Schülern nicht unmittelbar als explizierbares Wissen reflexiv zugängig (Combe und Gebhard 2012; Gresch und Martens 2019; Vosniadou 2013). In unterrichtlichen Interaktionen können nicht nur die Schülervorstellungen selbst implizite Anteile enthalten; auch das Wissen der Lehrpersonen über ihr unterrichtliches Handeln ist diesen nur zum Teil reflexiv zugängig (Schön 1983). Shulman beschreibt dies folgendermaßen: „Teachers themselves have difficulty in articulating what they know and how they know it“ (Shulman 1987, S. 6). Entsprechend lassen sich unterrichtliche Routinen beobachten, und ein Teil des Lehrerhandelns wird somit durch implizite Wissensbestände strukturiert. Die Analyse der Interaktionen im Unterricht bietet dabei die Möglichkeit, eine zum fachdidaktischen Wissen, das den Lehrpersonen als Teil ihres Professionswissens explizit verfügbar ist, komplementäre Perspektive einzunehmen, um den Umgang der Lehrpersonen mit Schülervorstellungen zu beforschen. Dabei lassen sich auch implizite

Wissensbestände empirisch rekonstruieren, die den Umgang mit Schülervorstellungen strukturieren (Gresch 2020 in Druck; Gresch und Martens 2019; Martens und Gresch 2018).

In diesem Beitrag soll daher ein soziokultureller Ansatz vorgestellt werden, der zum einen der situationsabhängigen Genese von Schülervorstellungen in unterrichtlichen Interaktionen und der kollektiven Konstruktion von Wissen Rechnung trägt. Zum anderen soll aufgezeigt werden, inwiefern dieser Ansatz eine theoretische und methodologische Fundierung zur Rekonstruktion impliziter Wissensbestände bietet, welche die homologe Genese der Schülervorstellungen in ähnlich strukturierten Situationen bedingen.

5.2 Leitfragen

Die Leitfragen, die in diesem Band zum Thema **Vorstellung und Theorie** diskutiert werden (Kap. 3), lauten: *Halten die klassischen Theorien den veränderten Anforderungen stand? Welche weiteren theoretischen Perspektiven können an empirische Befunde herangetragen werden?* Der Verweis der Leitfragen auf die Erweiterung der theoretischen Basis der bisherigen Forschung bedeutet für die Biologiedidaktik, zu prüfen, inwiefern Theorien der Bezugsdisziplinen in der Schülervorstellungsforschung anwendbar sind und fruchtbar gemacht werden können. Im Sinne einer soziokulturellen Perspektive auf den Umgang mit Schülervorstellungen soll in diesem Beitrag daher der Frage nachgegangen werden, inwiefern die Wissenssoziologie nach Mannheim (1980) als soziokulturelle Theorie, die implizite und explizite Wissensbestände unterscheidet, eine ergänzende Perspektive auf die Erforschung von Schülervorstellungen ermöglicht. Zudem fordern die Leitfragen zur Diskussion auf, inwiefern neue theoretische Ansätze auch eine neue methodologische Perspektive für empirische Studien bieten. Der wissenssoziologische Ansatz nach Mannheim (1980) ist auch theoretische Grundlage der dokumentarischen Methode (Bohnsack 2014), die als Methode der Unterrichtsforschung in der Erziehungswissenschaft etabliert ist (Asbrand und Martens 2018) und deren Anwendbarkeit in der biologiedidaktischen Schülervorstellungsforschung begründet wurde (Gresch und Martens 2019; Holfelder 2018). Sie eignet sich unter anderem für die Auswertung von Gruppendiskussionen, Interviews und Unterrichtsvideos. In diesem Beitrag soll die videobasierte rekonstruktive Unterrichtsforschung als ein neuer methodischer Zugang der Schülervorstellungsforschung vorgestellt werden, die nicht nur einen empirischen Zugang zu den Vorstellungen selbst, sondern auch den Umgang mit ihnen im Unterricht ermöglicht.

Im Beitrag werden zwei Thesen zur Anwendbarkeit wissenssoziologischer Grundsätze in der Schülervorstellungsforschung diskutiert, die zwei Ebenen fokussieren: die theoretische Beschreibung der Schülervorstellungen sowie die theoretische Beschreibung des Unterrichtsgeschehens bezüglich der Interaktionen von Lehrperson und Schülern.

5.3 Diskurs

5.3.1 Genese von Schülervorstellungen

▶ **These 1** Das wissenssoziologische Konzept des impliziten Wissens ist ein Erklärungsansatz zur Genese von Schülervorstellungen in sozialen Interaktionen.

In sozialen Interaktionen wird Bedeutung gemeinsam konstruiert, was sowohl implizites Verstehen als auch explizite Kommunikation beinhalten kann. Bei Mitgliedern einer sozialen Gemeinschaft ist dabei beobachtbar, dass sie sich unmittelbar verstehen, ohne ihr Wissen zur Herstellung der alltäglichen Handlungspraxis explizieren zu müssen. Routinen dieser Alltagspraxis, die verbale und nonverbale Interaktionen einschließt, sind intuitiv verständlich und im Modus des Verstehens bereits eine Selbstverständlichkeit. Dadurch sind sie auch der expliziten Reflexion oft schwer zugängig. Dieses Wissen innerhalb einer Gemeinschaft wird entsprechend dem Ansatz der Wissenssoziologie nach Mannheim als implizites oder auch konjunktives Wissen beschrieben, und die Genese dieses Wissens basiert auf der gemeinsamen Erfahrung innerhalb einer Gemeinschaft (Mannheim 1980; vgl. Asbrand und Martens 2018; Bohnsack 2014). Dabei wird die Gemeinschaft als Gruppe von Personen mit identischen oder strukturidentischen sozialisatorischen Erfahrungen verstanden (Bohnsack 2014). Beispiele für diese Art impliziten Wissens sind im schulischen Kontext das Wissen über die institutionell bedingten asymmetrischen Beziehungen zwischen der Lehrperson und den Schülern, das sich in den gemeinsamen Interaktionen beobachten lässt (Asbrand und Martens 2018), oder auch Schülervorstellungen, die in sozialen Alltagsinteraktionen ihren Ursprung haben. Dieses implizite Wissen ist in der Regel tief verankert und schwer veränderlich. Wissen, das nicht gemeinsamen Erfahrungen in sozialen Interaktionen entstammt und damit nicht konjunktives Wissen ist, wird als explizites oder kommunikatives Wissen beschrieben. So kann zum Beispiel fachliches Wissen in Kommunikationsprozessen expliziert werden.

Am Beispiel teleologischer und anthropomorpher Schülervorstellungen soll nachfolgend der theoretische Ansatz der Wissenssoziologie nach Mannheim (1980) anhand empirischer Daten auf die Schülervorstellungsforschung bezogen werden, um die Leitfrage bezüglich weiterer theoretischer Perspektiven zu diskutieren. In der alltäglichen Wahrnehmung erfahren Kinder und Jugendliche beispielsweise menschliche Handlungen als zielgerichtet und funktional. Wegen der angenommenen kognitiven Fähigkeiten des handelnden Akteurs werden sie als intentional wahrgenommen. Dieses erfahrungsbasierte implizite Wissen bedarf keiner Explikation. Vielmehr wird die Zielgerichtetheit menschlichen Handelns als selbstverständlich verstanden. Damit haben sich teleologische und anthropomorphe Erklärungen in alltäglichen Handlungssituationen vielfach bewährt. Diese teleologischen und anthropomorphen Erklärungen werden allerdings auch auf naturwissenschaftliche Phänomene übertragen und wegen der empirisch beobachteten Häufigkeit in einer Vielzahl von Kontexten als „allgemeine Denkweisen“ beschrieben (Hammann und Asshoff 2014, S. 26). Dabei geschieht die Verwendung teleologischer und anthropomorpher Formulierungen oft unbewusst (Kelemen 2012). Vor dem Hintergrund der Wissenssoziologie kann diese Art von intuitiven Vorstellungen als implizites Wissen beschrieben werden (Gresch und Martens 2019). Insbesondere im Themenfeld Evolution wird dies bedeutsam, da teleologische Erklärungen vielfach als Lernhindernis angesehen werden (Kelemen 2012). Anders als die Erfahrung teleologischer Handlungen entstammen fachliche Erklärungen natürlicher Selektion nicht dem eigenen Erfahrungsraum, da Evolutionsprozesse über für Menschen nicht erfahrbare Zeiträume hinweg geschehen und Arten als unveränderlich erscheinen. Vielmehr werden evolutionäre Ursachen als kontraintuitiv wahrgenommen. Diese Art fachlichen Wissens beschreiben Gresch und Martens (2019) als explizites Wissen.

Der Mehrwert dieser theoretischen Konzeptualisierung ist zum einen ein möglicher Ansatz, um die häufig empirisch beschriebene Koexistenz von alltagsbezogenen und fachlichen Erklärungen zu erklären (Martens und Gresch 2018; vgl. Vosniadou 2013). So können explizit formuliertes fachliches Wissen und implizit verbleibende Schülervorstellungen sich überlagern und auch im Widerspruch zueinander stehen, wie sich in dem nachfolgenden Beispiel zeigen lässt. Zum anderen ermöglicht der theoretische Ansatz, die situationsabhängige Genese von Erklärungen zu verdeutlichen. So können sich die Erklärungen von Schülern zu einem naturwissenschaftlichen Phänomen unterscheiden, je nachdem ob sie in einer Interaktion mit der Lehrperson, anderen Schülern oder – in Forschungskontexten – einem Interviewer entstehen. Der dargestellte Ansatz trägt somit auch der Situationsgebundenheit bestimmter Vorstellungen im Unterricht entsprechend der sozialen Interaktionen Rechnung, indem die gegenseitige Bezugnahme aufeinander systematisch analysiert wird.

Für die empirische Forschung bietet die dokumentarische Methode (Asbrand und Martens 2018; vgl. Bohnsack 2014) einen theoretisch und methodologisch fundierten Ansatz, um das explizite und implizite Wissen zu differenzieren und analytisch aufeinander zu beziehen. So werden in den Interpretationen die Ebenen des expliziten Wissens (*was* gesagt und getan wird) und des impliziten Wissens (*wie* etwas gesagt und getan wird) durch separate Schritte, d. h. eine formulierende und eine reflektierende Interpretation, getrennt. Fallvergleiche zwischen Sequenzen derselben Unterrichtseinheit sowie mit anderen Unterrichtseinheiten sind konstitutiv, um Homologien und Unterschiede herauszuarbeiten und generalisierbare Aussagen zu treffen (vgl. Glaser und Strauss 1967).

Zur Illustration der Rekonstruktion impliziter und expliziter Wissensbestände werden nachfolgend empirische Ergebnisse aus der Videostudie von Gresch und Martens (2019) zusammengefasst. Im Rahmen der Studie wurden bisher zehn videografierte Unterrichtseinheiten zum Themenfeld Evolution aus den Sekundarstufen I und II hinsichtlich der Genese von und den Umgangsweisen mit teleologischen Erklärungen mit Hilfe der qualitativ-rekonstruktiven dokumentarischen Methode analysiert. So zeigt sich bezüglich der Koexistenz beispielsweise, dass fachliche Begriffe wie Mutation und Zufall in teleologische Handlungen eingebettet sein können: Im Unterricht eines Kurses der gymnasialen Oberstufe werden mit Hilfe eines Lottomodells die Merkmale eines Fischs zufällig bestimmt, der anschließend an der Tafel gezeichnet wird. Durch das Ziehen von Zahlen aus einer Glasschale werden die Eigenschaften des Fischs, zum Beispiel Form, Farbe und Größe eines Leuchtorgans, entsprechend einer Liste, die die Zahlen den Merkmalsausprägungen zuordnet, determiniert. Auf der Ebene des expliziten Wissens werden dabei das zufällige Ziehen der Zahlen und zufällige Mutationen gleichgesetzt und als Ursache für Veränderungen beschrieben. Dabei wird das Zufallsmoment des Lottomodells diskutiert, was auf explizites Wissen zu fachlichen Erklärungen von Evolutionsmechanismen verweist. Allerdings lässt sich auf der Ebene des impliziten Wissens in den Interaktionen, sowohl auf der verbalen als auch der nonverbalen Ebene, rekonstruieren, dass ein Verständnis von Anpassungsnotwendigkeit und Anpassung als Ergebnis von Intentionen die Handlungen der Schüler sowie des Lehrers strukturiert – im Widerspruch zu den explizit formulierten Regeln: So sind die Schüler mit dem zufällig durch die Ziehung der Zahlen bestimmten Merkmal unzufrieden. Sie äußern den Wunsch nach einem größeren Leuchtorgan statt eines kleinen, woraufhin – in Abweichung von den Regeln des Lottomodells, das eine deterministische Bestimmung der Eigenschaften vorsieht – durch den Lehrer eine Spontanmutation verkündet und das Merkmal entsprechend den Wünschen der Schüler angepasst wird. Folglich wird ein größeres Leuchtorgan gezeichnet. Im Anschluss fordert ein Schüler die Modifikation des Fischs, um den Fisch durch Ergänzen weiterer Merkmale, der Seitenflossen, überlebensfähig zu machen. So wird die Zeichnung am Ende verändert – ebenfalls im Widerspruch zu den explizit formulierten Regeln der zufälligen Merkmalsbestimmung sowie den Evolutionsmechanismen. Dabei erfolgt nicht auf einer expliziten Ebene eine Zurückweisung des Zufallsprinzips oder evolutionärer Mechanismen. Vielmehr dokumentiert sich auf impliziter Ebene in der Performanz ein teleologisches Verständnis. Eine zweckgerichtete Anpassung erscheint selbstverständlich und bedarf keiner expliziten Aushandlung. Dabei bietet die Differenzierung zwischen impliziter und expliziter Wissensebene einen Ansatz zur Erklärung der Koexistenz tief verankerter Schülervorstellungen und fachlicher Erklärungen (vgl. Martens und Gresch 2018, zur Koexistenz; vgl. Gresch und Martens 2019 und Gresch 2020 in Druck, für empirische Analysen und weitere Fallbeispiele). Der theoretische Ansatz ermöglicht durch die Erklärung der Genese der Schülervorstellungen in routinierten Alltagssituationen eine ergänzende Perspektive auf den Befund, dass sich bestimmte Schülervorstellungen oft nicht zugunsten fachlicher Erklärungen verändern lassen. Insbesondere lässt sich durch die Analyse der Interaktionen auch zeigen, wie teleologische Vorstellungen auf einer impliziten Ebene im Unterricht verstärkt werden bzw. dort entstehen.

Auch der Ansatz der Alltagsphantasien (Combe und Gebhard 2012) bezieht sich auf den Begriff des impliziten Wissens, der auf Intuitionen und subjektive Bedeutungskonstruktionen verweist. Damit sind jedoch vor allem individuelle Auseinandersetzungen des Subjekts mit objektivierendem Wissen in gegenstandsbezogenen Lernprozessen gemeint und weniger kollektive Bedeutungskonstruktionen durch die beteiligten Subjekte im Sinne der Mannheim'schen Wissenssoziologie. Im Fokus des Ansatzes der Alltagsphantasien steht dabei das didaktische Ziel, dieses implizite Wissen zu reflektieren und mit Phänomenen der Natur in Beziehung zu setzen. Im Unterschied zum Theoriehintergrund der Alltagsphantasien, der sich u. a. auf kulturpsychologische Ansätze stützt, basiert das Konzept des impliziten Wissens auf soziologischen Theorien, wodurch die Genese von Vorstellungen und gemeinsame Bedeutungskonstruktion in sozialen Interaktionen stärker fokussiert wird (vgl. Holfelder 2018, zur Erweiterung des Ansatzes der Alltagsphantasien um wissenssoziologische Theorien).

Hinsichtlich der Konzeptualisierung gibt es eine hohe Passung des dargestellten wissenssoziologischen Ansatzes zur Theorie des erfahrungsbasierten Verstehens (Kap. 2), die ihren Ursprung in kognitionslinguistischen Theorien hat (Gropengießer 2007). So ist beiden Ansätzen gemein, dass durch den Begriff der Erfahrung (als Erfahrung mit der physikalischen oder sozialen Umwelt bzw. konjunktive Erfahrungen in sozialen Interaktionen) das Verständnis von Schülervorstellung über eine rein kognitionspsychologische Perspektive von kognitiven Propositionen oder Schemata hinausgeht (vgl. Gropengießer 2008). Auch die Fokussierung linguistischer Metaphernanalysen und von Sprache als sozialer Handlungspraxis weist Gemeinsamkeiten auf. In der Tendenz wird in der Theorie des erfahrungsbasierten Verstehens eher das individuelle Verstehen untersucht und „Sprache als Fenster auf unsere Kognition" verstanden (Gropengießer 2007, S. 105), während die wissenssoziologische Theorie als soziokultureller Ansatz das kollektive Verstehen und den situativ gebundenen gemeinsamen Aushandlungsprozess stärker betont, der auch nonverbale Handlungen einschließt. Folglich ist die Analyse unterrichtlicher Interaktionen ein Desiderat, um zu verstehen, wie Schülervorstellungen im Unterricht emergieren und wie Unterricht, bedingt durch das Handeln der Lehrperson, ermöglicht, dass Schülervorstellungen kritisch hinterfragt, aber auch unkritisch eingebracht und verstärkt werden. So gibt es zwar zahlreiche Interviewstudien zur deskriptiven Beschreibung der Schülervorstellungen und einige Interventionsstudien zur Veränderung individueller Vorstellungen, jedoch bleibt es ein Desiderat naturwissenschaftsdidaktischer Schülervorstellungsforschung, den Umgang mit Schülervorstellungen im Unterricht zu untersuchen. Schließlich bilden der Unterricht und dort insbesondere das Handeln der Lehrperson den situationalen Kontext für die Entwicklung von Schülervorstellungen.

5.3.2 Umgang mit Schülervorstellungen

▶ **These 2** Das implizite Wissen der Lehrperson strukturiert den Umgang mit Schülervorstellungen im Unterricht.

Ebenso wie viele Schülervorstellungen unbewusst und implizit bleiben, ist auch den Lehrpersonen ihr unterrichtliches Handeln nicht vollkommen reflexiv zugängig (Asbrand und Martens 2018; Neuweg 2014; Shulman 1987). Zwar können sie ihr professionsbezogenes Wissen und Überzeugungen, die aus theoretischer Sicht prinzipiell explizierbar sind, ebenso wie unterrichtliche Normen gegenüber anderen kommunizieren, jedoch bleiben insbesondere Handlungsroutinen oft unbewusst und der Introspektion schwer zugängig, vor allem in der Handlungspraxis selbst (Gresch 2020 in Druck; Martens und Wittek 2019; Reusser und Pauli 2014). Es handelt sich hierbei um erfahrungsbasiertes Wissen, das auch auf den Erfahrungen der Lehrperson in ihrer eigenen Schulzeit basieren kann. Die Struktur der Handlungspraxis, die auf diesem inkorporierten, in sozialen Interaktionen erworbenen Wissen basiert, wird auch als Modus Operandi und damit als Teil des Habitus der Lehrperson beschrieben (Martens und Wittek 2019). Um dieses implizite Wissen rekonstruieren zu können, ist es notwendig, die unterrichtlichen Handlungen selbst und nicht nur die Reflexion über sie (z. B. in Interviews mit Lehrpersonen) zu erforschen. Hierzu wird ein methodologischer Zugang benötigt, der die Interaktionsstruktur im Unterricht in den Blick nimmt und explizite und implizite Wissensbestände einzubeziehen vermag. Die Unterrichtsforschung mit der dokumentarischen Methode (Asbrand und Martens 2018; vgl. Bohnsack 2014) bietet hier einen geeigneten Ansatz, der auch die gegenseitige Bezugnahme der Lehrperson und der Schüler auf vorherige Äußerungen in den Rekonstruktionen berücksichtigt.

In dem oben bereits dargestellten Projekt zum Umgang mit teleologischen und anthropomorphen Schülervorstellungen (Gresch 2020 in Druck; Gresch und Martens 2019; Martens und Gresch 2018) zeigt sich je nach unterschiedlichen Typen von Umgangsweisen der Lehrpersonen mit Schülervorstellungen, dass diese auch unterschiedliche Anschlüsse der Schüler ermöglichen. Bei dem zuvor beschriebenen Beispiel lässt sich der Lehrerhabitus als ambivalent charakterisieren. Es werden Teleologie und wissenschaftliche Erklärungen implizit als vereinbar dargestellt. In der Berücksichtigung der Schülervorstellungen, die von Intentionalität und Anpassungsnotwendigkeit gekennzeichnet sind, dokumentiert sich eine starke Personenorientierung der Lehrperson, wobei die Sache, hier die Evolutionsmechanismen, in den Interaktionen teils im Widerspruch zu fachlichen Normen konstruiert wird (vgl. Helsper 2016 sowie Steinwachs und Gresch 2019, zur Antinomie von Sache und Person). So lässt sich einerseits die für die Lehrperson geltende unterrichtliche Norm, dieses fachliche Wissen zu erarbeiten, als explizites Wissen, das im Unterricht kommuniziert wird, rekonstruieren. Mutationen und das Zufallsprinzip der Variation werden explizit benannt. Doch auf der Ebene des impliziten Wissens lassen sich teleologische Handlungen auf der verbalen und nonverbalen Ebene rekonstruieren, indem der Fisch entsprechend der Schülerintentionen modifiziert wird. Der Unterricht ermöglicht Erklärungen von naturwissenschaftlichen Phänomenen auf der Basis teleologischer Vorstellungen. Es zeigt sich zudem, dass bereits die Einbettung in einen alltagsbezogenen Kontext (hier das Lottomodell als Spiel) eine teleologische Auseinandersetzung ermöglicht. In kontrastiven Fällen hingegen zeigt sich bei einem Lehrertypus, der von einer Polarisierung von teleologischen und anthropomorphen Schülervorstellungen einerseits und wissenschaftlichen Erklärungen andererseits gekennzeichnet ist, dass intentionale Erklärungen von den Lehrpersonen und auch von den Schülern zurückgewiesen werden (Gresch und Martens 2019). Diese Zurückweisung der Schülervorstellungen verweist auf eine stärkere Orientierung an der Sache und weniger an der Person als im Fallvergleich mit Fällen des ambivalenten Typus (z. B. Lottomodell).

Ein wesentlicher Mehrwert der wissenssoziologisch fundierten Unterrichtsforschung liegt in der Erforschung des Lehrerhandelns und den damit verbundenen Anschlussmöglichkeiten für die Schüler in den unterrichtlichen Interaktionen. Inwiefern ermöglicht ein bestimmter Typus des Umgangs mit Schülervorstellungen die Aneignung fachlichen Wissens und Entwicklung dieser Vorstellungen? Dies ist insofern bedeutsam, als in den Analysen auch das Verhältnis von Vermittlung und Aneignung im Biologieunterricht adressiert wird. Die Forschungserkenntnisse können dazu genutzt werden, den Umgang mit Schülervorstellungen in konkreten Unterrichtssituationen zu hinterfragen und Handlungsalternativen zu entwickeln.

5.4 Fazit

Ein großer Teil der naturwissenschaftsdidaktischen Schülervorstellungsforschung fokussiert die individuelle Konstruktion von Vorstellungen. Mit dem Ansatz der dokumentarischen Unterrichtsforschung liegt ein theoretischer und methodologischer Ansatz vor, um die Genese von Vorstellungen und den Umgang mit ihnen in sozialen Interaktionen zu erforschen, was ein zentrales Desiderat der soziokulturellen Conceptual-Change-Forschung darstellt (Mercer und Howe 2012). Damit gerät die kollektive und situationsabhängige Bedeutungskonstruktion in den Blick und der Forschungsansatz trägt der empirischen Beobachtung Rechnung, dass Äußerungen von Schülern je nach Situation, in der sie entstehen, sehr unterschiedlich ausfallen können. Hinsichtlich der Leitfrage, ob die klassischen Theorien den veränderten Anforderungen standhalten, wurde das Verhältnis der Wissenssoziologie zu anderen theoretischen Ansätzen wie den Alltagsphantasien und der Theorie des erfahrungsbasierten Verstehens sowie Ansätzen der Professionsforschung zum Lehrerberuf diskutiert. Mit der dokumentarischen Methode wurde eine Möglichkeit der Erforschung des impliziten Wissens aufgezeigt und auf die Schülervorstellungen sowie den Umgang mit ihnen durch die Lehrperson bezogen, um zu diskutieren, welche weiteren theoretischen Perspektiven an empirische Befunde herangetragen werden können.

5.5 Ausblick

Die Feststellung, dass unterrichtliches Handeln auch auf impliziten Wissensbeständen basiert, verweist auf das Desiderat, komplementär zu fachdidaktischem Professionswissen auch die Unterrichtsinteraktionen zu erforschen, um Erkenntnisse über das Wissen zum Umgang mit Schülervorstellungen zu gewinnen, das sich in den Handlungen rekonstruieren lässt. In einem Projekt zum Evolutionsunterricht wurden Typen des Umgangs von Lehrpersonen mit teleologischen Schülervorstellungen empirisch rekonstruiert (Gresch 2020 in Druck; Gresch und Martens 2019; Martens und Gresch 2018), die durch weitere Fallvergleiche derzeit erweitert werden.

Das empirische Ergebnis, dass der Umgang der Lehrpersonen mit Schülervorstellungen im Unterricht auch die unkritische Verwendung teleologischer Erklärungen ermöglichen und befördern kann, verweist auch auf das Desiderat, das implizite Wissen zum Umgang mit Schülervorstellungen bereits bei angehenden Lehrkräften zu erforschen, um entsprechende Angebote für die Lehrerbildung machen zu können. Erste Ergebnisse eines Projekts zeigen das explizite und implizite Wissen von Lehramtsstudierenden im Fach Biologie zu Schülervorstellungen und zum Umgang mit ihnen auf (Steinwachs und Gresch 2019). In einer Gruppendiskussion mit Masterstudierenden, die zuvor Videovignetten, d. h. kurze Unterrichtssequenzen, gesehen haben, in denen der Umgang mit teleologischen Erklärungen beobachtbar ist, lässt sich explizites fachdidaktisches Professionswissen der Studierenden zur Conceptual-Change-Theorie, z. B. zu kognitiven Konflikten, empirisch beschreiben. Es zeigt sich auch, dass die Diagnose von Schülervorstellungen als relevant eingeschätzt wird. Die in der Gruppendiskussion aktualisierte Erfahrung der Studierenden im Umgang mit Schülervorstellungen verweist auf impliziter Ebene, dass diese als defizitär und als Lernhindernis verstanden werden. Dies dokumentiert sich beispielsweise in einer erwarteten Korrektur der Vorstellungen durch die Lehrperson im Video oder den Metaphern „Resistenz", „Fehlvorstellung" oder „ausgeräumt", ohne dass auf einer reflexiven Ebene das eigene Verständnis explizit würde. Auf der Ebene des Umgangs der Lehrperson mit Schülervorstellungen lässt sich ein implizites Verständnis von Lernprozessen als passiv-rezeptiv rekonstruieren. Dabei wird ein deterministischer und kontrollierbarer Zusammenhang von Vermittlung und Aneignung angenommen. Anhand der Aussagen der Studierenden ließ sich zudem rekonstruieren, dass eine Veränderung der Vorstellungen aller Schüler im Sinne einer homogenen Konzeptentwicklung entsprechend einer einheitlichen fachlichen Norm angenommen wird. Die ersten Ergebnisse dieser Fallinterpretation bedürfen jedoch einer weiteren Fundierung und Erweiterung im Sinne einer Typenbildung durch Fallvergleiche, um Angebote für die Lehrerbildung zu entwickeln. Hierbei stellt die Arbeit mit Videovignetten einen geeigneten Ansatz dar (Steinwachs und Gresch 2019, 2020).

Anmerkungen

1. Aus Gründen der leichteren Lesbarkeit wird auf die geschlechtsspezifische Unterscheidung verzichtet. Die grammatisch männliche Form wird geschlechtsneutral verwendet und meint das weibliche und männliche Geschlecht gleichermaßen.

Literatur

Asbrand B, Martens M (2018) Dokumentarische Unterrichtsforschung. Springer VS, Wiesbaden

Bohnsack R (2014) Rekonstruktive Sozialforschung, 9. Aufl. Budrich, Opladen

Combe A, Gebhard U (2012) Verstehen im Unterricht: Die Rolle von Phantasie und Erfahrung. Springer VS, Wiesbaden

DiSessa AA (2013) A bird's-eye view of the "pieces" vs. "coherence" controversy (from the "pieces" side of the fence). In: Vosniadou S (Hrsg) Educational psychology handbook. International handbook of research on conceptual change, 2. Aufl. Taylor and Francis, Hoboken, S 31–48

Glaser BG, Strauss AL (1967) The discovery of grounded theory: strategies for qualitative research. Aldine de Gruyter, New York

Gresch H (2020) Teleological explanations in evolution classes – video-based analyses of teaching and learning processes across a seventh-grade teaching unit. Evolution: Education and Outreach. https://doi.org/10.1186/s12052-020-00125-9 (in Druck)

Gresch H, Martens M (2019) Teleology as a tacit dimension of teaching and learning evolution: a sociological approach to classroom interaction in science education. J Res Sci Teach 56(3):243–269

Gropengießer H (2007) Theorie des erfahrungsbasierten Verstehens. In: Krüger D, Vogt H (Hrsg) Theorien in der biologiedidaktischen Forschung. Springer, Berlin, S 105–116

Gropengießer H (2008) Wie man Vorstellungen der Lerner verstehen kann: Lebenswelten, Denkwelten, Sprechwelten, 2. aktualisierte Aufl. Didaktisches Zentrum Carl-von-Ossietzky-Universität Oldenburg, Oldenburg

Gropengießer H, Marohn A (2018) Schülervorstellungen und Conceptual Change. In: Krüger D, Parchmann I, Schecker H (Hrsg) Theorien in der naturwissenschaftsdidaktischen Forschung. Springer, Berlin, S 49–67

Hammann M, Asshoff R (2014) Schülervorstellungen im Biologieunterricht: Ursachen für Lernschwierigkeiten. Klett|Kallmeyer, Seelze

Helsper W (2016) Antinomien und Paradoxien im professionellen Handeln. In: Dick M, Marotzki W, Mieg H (Hrsg) Handbuch Professionsentwicklung. Klinkhardt, Bad Heilbrunn, S 50–62

Holfelder A (2018) Orientierungen von Jugendlichen zu Nachhaltigkeitsthemen: Zur didaktischen Bedeutung von implizitem Wissen im Kontext BNE. Springer, Wiesbaden

Kelemen D (2012) Teleological minds: how natural intuitions about agency and purpose influence learning about evolution. In: Rosengren K, Evans EM (Hrsg) Evolution challenges: integrating research and practice in teaching and learning about evolution. Oxford University Press, Oxford, S 66–92

Mannheim K (1980) Strukturen des Denkens. Suhrkamp, Frankfurt a. M.

Marohn A (2008) „choice2learn" – eine Konzeption zur Exploration und Veränderung von Lernervorstellungen im Naturwissenschaftlichen Unterricht. Zeitschrift für Didaktik der Naturwissenschaften 14:57–83

Martens M, Gresch H (2018) Ambivalente Fachlichkeiten. Die (Re)Produktion fachlicher Vorstellungen im Biologieunterricht. In: Martens M, Rabenstein K, Bräu K, Fetzer M, Gresch H, Hardy I, Schelle C (Hrsg) Konstruktionen von Fachlichkeit: Ansätze, Erträge und Diskussionen in der empirischen Unterrichtsforschung. Klinkhardt, Bad Heilbrunn, S 275–288

Martens M, Wittek D (2019) Lehrerhabitus und Dokumentarische Methode. In: Kramer R-T, Pallesen H (Hrsg) Studien zur Professionsforschung und Lehrerbildung. Lehrerhabitus: Theoretische und empirische Beiträge zu einer Praxeologie des Lehrerberufs. Klinkhardt, Bad Heilbrunn, S 285–306

Mason L (2007) Bridging the cognitive and sociocultural approaches in research on conceptual change: is it feasible? Educ Psychol 42(1):1–7

Mercer N (2007) Commentary on the reconciliation of cognitive and sociocultural accounts of conceptual change. Educ Psychol 42(1):75–78

Mercer N, Howe C (2012) Explaining the dialogic processes of teaching and learning: the value and potential of sociocultural theory. Learn Cult Soc Interact 1(1):12–21

Neuweg GH (2014) Das Wissen der Wissensvermittler. Problemstellungen, Befunde und Perspektiven der Forschung zum Lehrerwissen. In: Terhart E, Bennewitz H, Rothland M (Hrsg) Handbuch der Forschung zum Lehrerberuf. Waxmann, Münster, S 583–614

Reusser K, Pauli C (2014) Berufsbezogene Überzeugungen von Lehrerinnen und Lehrern. In: Terhart E, Bennewitz H, Rothland M (Hrsg) Handbuch der Forschung zum Lehrerberuf. Waxmann, Münster, S 642–661

Schön DA (1983) The reflective practitioner. How professionals think in action. Basic Books, New York

Shulman L (1987) Knowledge and teaching: foundations of the new reform. Harv Educ Rev 57(1):1–23

Steinwachs J, Gresch H (2019) Umgang mit Schülervorstellungen im Evolutionsunterricht – Implizites Wissen von Lehramtsstudierenden bei der Wahrnehmung von Videovignetten. Zeitschrift für interpretative Schul- und Unterrichtsforschung 8:37–51

Steinwachs J, Gresch H (2020) Professionalisierung der Unterrichtswahrnehmung mithilfe von Videovignetten im Themenfeld Evolution – Bearbeitung der Sachantinomie in der biologiedidaktischen Lehrerbildung. In: Kürten R, Greefrath G, Hammann M (Hrsg) Komplexitätsreduktion in Lehr-Lern-Laboren. Innovative Lehr-Formate in der Lehrerbildung zum Umgang mit Heterogenität und Inklusion. Waxmann, Münster, S 57–78

Vosniadou S (2013) Conceptual change in learning and instruction: the framework theory approach. In: Vosniadou S (Hrsg) Educational psychology handbook. International handbook of research on conceptual change, 2. Aufl. Taylor and Francis, Hoboken, S 11–30

Weiterführende Literatur

In diesem Lehrbuch zur dokumentarischen Unterrichtsforschung werden die unterrichtstheoretische Fundierung und die Dokumentarische Methode zur Analyse von Interaktionen im Unterricht dargestellt:

Asbrand B, Martens M (2018) Dokumentarische Unterrichtsforschung. Springer VS, Wiesbaden

In diesem empirischen Beitrag werden unterschiedliche Typen des Umgangs mit teleologischen Schülervorstellungen im Themenfeld Evolution präsentiert. Dabei wird die Eignung des Konzepts des impliziten Wissens für die biologiedidaktische Unterrichtsforschung diskutiert:

Gresch H, Martens M (2019) Teleology as a tacit dimension of teaching and learning evolution: a sociological approach to classroom interaction in science education. J Res Sci Teach 56(3):243–269

Das Special Issue der Zeitschrift *Educational Psychologist* (2007, 42(1)) zu kognitiven und soziokulturellen Ansätzen der Conceptual-Change-Forschung, insbesondere die Einleitung von Mason (2007) und der zusammenfassende Kommentar von Mercer (2007), bietet einen Überblick über theoretische Grundlagen und eine kritische Einordnung der unterschiedlichen theoretischen Ansätze in empirischen Studien:

Mason L (2007) Bridging the cognitive and sociocultural approaches in research on conceptual change: is it feasible? Educ Psychol 42(1):1–7

Prof. Dr. Helge Gresch ist Juniorprofessor für Didaktik der Biologie an der Westfälischen Wilhelms-Universität Münster. Er hat Biologie und Mathematik (Lehramt an Gymnasien) an der Carl-von-Ossietzky-Universität Oldenburg studiert und an der Georg-August-Universität Göttingen zur Förderung von Bewertungskompetenz promoviert. Nach seinem Referendariat an der Goetheschule Neu-Isenburg im Kreis Offenbach am Main war er dort als Studienrat tätig. Seine Forschungsschwerpunkte sind der Umgang mit Schülervorstellungen im Biologieunterricht, Bildung für Nachhaltige Entwicklung sowie videovignettenbasierte Lehrerprofessionsforschung im Kontext von Evolution.

Vorstellung und Kompetenz

6

Zusammenführung zweier zentraler Konzepte in der naturwissenschaftsdidaktischen Forschung

Moritz Krell

Zusammenfassung

Vorstellung und Kompetenz sind zwei zentrale Konzepte in der naturwissenschaftsdidaktischen Forschung in Deutschland. Trotzdem verlaufen Programme zur Vorstellungs- und Kompetenzforschung weitgehend getrennt voneinander. Dieser Beitrag greift die Diskussion des Round Table **Vorstellung und Kompetenz** auf, in dem beide Konzepte verglichen und darauf aufbauend ein Vorschlag für eine Zusammenführung erarbeitet wurde. Es zeigte sich, dass es Eigenschaften gibt, die beiden Konzepten zugeschrieben werden: Latenz, Erlernbarkeit, Kontextgebundenheit. Uneinigkeit bezüglich der Integration von motivationalen, volitionalen und sozialen Bereitschaften und Fähigkeiten besteht ebenfalls bei beiden Konzepten. Ein wesentlicher Unterschied zwischen **Vorstellung und Kompetenz** scheint in der jeweiligen Funktionalität zu liegen (intern vs. extern). Der Vorschlag zur Zusammenführung beider Konzepte verortet Vorstellungen als Teil der kognitiven Facette von Kompetenzen. Es werden weiterführende Fragestellungen für die naturwissenschaftsdidaktische Forschung vorgeschlagen, die sich sowohl auf die beiden Konzepte im Einzelnen als auch auf deren Zusammenführung beziehen[1].

Die korrigierte Version des Kapitels ist verfügbar unter
https://doi.org/10.1007/978-3-662-61342-9_11

M. Krell (✉)
Didaktik der Biologie, Freie Universität Berlin, Berlin, Deutschland
E-Mail: moritz.krell@fu-berlin.de

B. Reinisch et al. (Hrsg.), *Biologiedidaktische Vorstellungsforschung: Zukunftsweisende Praxis*, https://doi.org/10.1007/978-3-662-61342-9_6

6.1 Einführung

„Die Forschungen zu Schülervorstellungen und deren Rolle beim Lernen und Lehren hat sich zum wichtigsten Zweig naturwissenschaftsdidaktischer Forschung entwickelt" (Gropengießer und Marohn 2018, S. 51). Gleichzeitig wird die Kompetenzorientierung als neues Paradigma für das Lernen in Schule und Arbeitswelt betrachtet (Max 1999). Entsprechend können **Vorstellung und Kompetenz** als zwei zentrale Konzepte in der naturwissenschaftsdidaktischen Forschung in Deutschland angesehen werden. Trotzdem verlaufen Programme zur Vorstellungs- und Kompetenzforschung weitgehend getrennt voneinander, unter Umständen weil sie in der naturwissenschaftsdidaktischen Forschung in verschiedenen forschungsmethodischen Traditionen gründen (qualitativ-interpretative bzw. quantitativ-experimentelle Forschung). Das Ziel des Round Table zu **Vorstellung und Kompetenz** bestand in der vergleichenden Diskussion der in der naturwissenschaftsdidaktischen Forschung etablierten Konzepte zu **Vorstellung und Kompetenz**, um durch die Identifikation von konzeptuellen Überschneidungen auf Potentiale zur Integration von entsprechenden Forschungsvorhaben hinzuweisen.

6.2 Leitfragen

Es wurden zwei Leitfragen von den Tagungsausrichtern vorgeschlagen:

1. Welchen Beitrag leistet die Vorstellungsforschung zum aktuellen Kompetenzdiskurs?
2. In welchem Spannungsverhältnis stehen Vorstellungs- und Kompetenzentwicklung?

Insbesondere Leitfrage 2 wurde im Round Table zunächst kritisch diskutiert, da hier die Existenz eines Spannungsverhältnisses bereits vorausgesetzt wurde, anstatt diese zu prüfen. Auch die in Leitfrage 1 enthaltene Unterscheidung zwischen Vorstellungsforschung und Kompetenzdiskurs schien zumindest implizit eine Differenz zwischen den mit beiden Konstrukten befassten Forschungsprogrammen anzudeuten (Forschung vs. Diskurs). Daher wurden, anstatt die angebotenen Leitfragen zu diskutieren, vielmehr die beiden Begriffe **Vorstellung und Kompetenz** sowie insbesondere die damit in der naturwissenschaftsdidaktischen Forschung verbundenen Konzepte vergleichend diskutiert. Ziel dieser Gegenüberstellung war es, die angedeutete Differenz und das unterstellte Spannungsverhältnis zu prüfen.

6.3 Diskurs

Zur Einordnung und Bewertung der in der naturwissenschaftsdidaktischen Forschung mit den beiden Begriffen **Vorstellung und Kompetenz** verbundenen Konzepte wurden grundlegende Überlegungen zur Begriffsbildung in den Sozialwissenschaften herangezogen.

So nennt Opp (2014) *definitorische Zirkel, unpräzise und mehrdeutige Ausdrücke im Definiens* sowie *Definitionen durch Beispiele* als zu vermeidende Praktiken bei der Definition von Begriffen; anzustreben sei vielmehr eine möglichst präzise und eindeutige Definition von Begriffen, um eine Kommunikation zwischen Wissenschaftlern sowie Kritik und empirische Prüfungen zu ermöglichen. Demgegenüber betont Norris (1991) – in Bezug auf den Begriff *competence* – eine potentiell fehlende Praktikabilität als Gefahr eines zu starken Bemühens um begriffliche Eindeutigkeit: „As tacit understandings of the words have been overtaken by the need to define precisely and to operationalise concepts, the practical has become shrouded in theoretical confusion and the apparently simple has become profoundly complicated" (S. 331–332). – Insgesamt ergeben sich die folgenden Thesen, die im vorliegenden Beitrag diskutiert werden:

1. Die konzeptuelle Definition von **Kompetenz** in der naturwissenschaftsdidaktischen Forschung ist präzise und eindeutig, dadurch aber potentiell unpraktikabel (Norris 1991; Opp 2014).
2. Die konzeptuelle Definition von **Vorstellung** in der naturwissenschaftsdidaktischen Forschung ist eher mehrdeutig, was gleichzeitig die Entwicklung der Vorstellungsforschung begünstigt (vgl. Gropengießer und Marohn 2018).
3. Es besteht eine grundlegende Differenz zwischen den in der naturwissenschaftsdidaktischen Forschung mit den Begriffen **Vorstellung und Kompetenz** verbundenen Konzepten (vgl. Leitfragen).

6.3.1 These 1: *Kompetenz* ist präzise und eindeutig definiert

Für die Definition des Kompetenzbegriffs hat sich in der naturwissenschaftsdidaktischen Forschung – sowie der Bildungsforschung insgesamt – in Deutschland der Vorschlag Weinerts (2001) als Standardreferenz etabliert:

▶ „Kompetenzen [sind] die bei Individuen verfügbaren oder durch sie erlenbaren kognitiven Fähigkeiten und Fertigkeiten, um bestimmte Probleme zu lösen, sowie die damit verbundenen motivationalen, volitionalen und sozialen Bereitschaften und Fähigkeiten um die Problemlösungen in variablen Situationen erfolgreich und verantwortungsvoll nutzen zu können" (S. 27–28).

Hieran anknüpfend wird von einigen Autoren (z. B. Klieme et al. 2007) insbesondere aus pragmatischen Erwägungen für empirische Studien der Teil nach dem „sowie" gestrichen, und Kompetenzen werden als rein kognitive Konstrukte aufgefasst, zum Beispiel:

▶ „Kompetenzen sind kontextspezifische kognitive Leistungsdispositionen, die sich funktional auf Situationen und Anforderungen in bestimmten Domänen beziehen" (Klieme et al. 2007, S. 7).

Beide Konzepte verdeutlichen bereits, dass Kompetenzen als latente (d. h. nicht direkt beobachtbare) Konstrukte aufgefasst werden, die sich funktional auf die Bearbeitung von Aufgaben oder Problemen beziehen. In der Definition von Klieme et al. (2007) wird außerdem die Kontextgebundenheit von Kompetenzen deutlich, die von vielen Autoren als zentral für den Kompetenzbegriff angesehen wird (z. B. Max 1999; Rychen und Salganik 2003).

Shavelson (2010) hebt außerdem hervor, dass Kompetenzen komplexe Konstrukte sind, die sämtliche, für die Auseinandersetzung mit realen Situationen (d. h. komplexen Aufgaben oder Problemen) erforderliche Fähigkeiten, Fertigkeiten und Bereitschaften umfassen:

► „Competence (1) is a physical or intellectual ability, skill or both; (2) is a performance capacity to do as well as to know; (3) is carried out under standardized conditions; (4) is judged by some level or standard of performance as ‚adequate‘, ‚sufficient‘, ‚proper‘, ‚suitable‘, or ‚qualified‘; (5) can be improved; (6) draws upon an underlying complex ability; and (7) needs to be observed in real-life situations (S. 44).“

Aus dieser Komplexität des Kompetenzkonstrukts ergibt sich, dass für die Zuschreibung von Kompetenz (vgl. Max 1999) entsprechend komplexe Situationen *(real-life situations)* notwendig sind (Rychen und Salganik 2003). Spezifische Kompetenzen werden dabei bezogen auf eine Klasse von Situationen definiert (z. B. Experimentierkompetenz, Modellkompetenz), und es werden bestimmte Elemente (z. B. Können, Wissen) als zentrale Bestandteile der betrachteten Kompetenz angenommen. Hierbei wird oftmals ignoriert, dass einzelne Elemente (z. B. allgemeine kognitive Routinen) vermutlich in verschiedenen Kompetenzen eingebunden sind und zur Problemlösung herangezogen werden (Franke 2005). Da Kompetenzen als latente Konstrukte aufgefasst werden, können Personen mit derselben Performanz (d. h. beobachtbaren Handlung) außerdem unterschiedliche Elemente einer Kompetenz zur Problemlösung aktiviert haben. Hieraus ergibt sich, dass der genaue Umfang (die Extensionalität) einer Kompetenz notwendigerweise unscharf ist (Franke 2005).

Die drei Vorschläge zur Definition des Kompetenzbegriffs beinhalten keine *definitorischen Zirkel, unpräzise und mehrdeutige Ausdrücke im Definiens* oder *Definitionen durch Beispiele* (Opp 2014) und können daher als relativ präzise und eindeutig betrachtet werden. Die drei Vorschläge machen darüber hinaus deutlich, dass es übereinstimmende Eigenschaften gibt, die dem Kompetenzbegriff in der naturwissenschaftsdidaktischen Forschung zugesprochen werden und daher als „Kompromissauffassungen“ (Max 1999, S. 111) betrachtet werden können. Die meisten Autoren stimmen etwa darin überein, Kompetenzen als komplexe Konstrukte zu verstehen, die auch zum Beispiel motivationale, volitionale und soziale Bereitschaften und Fähigkeiten umfassen (z. B. Franke 2005; Weinert 2001). Das engere Verständnis von Kompetenzen als rein kognitive Konstrukte wird insbesondere aus pragmatischen Erwägungen für empirische Studien umgesetzt. Hierbei wird in den meisten Fällen allerdings (z. B.

Klieme et al. 2007), oftmals mit direktem Bezug zu Weinert (2001), eine rein kognitive Begriffsdefinition verwendet, ohne dabei die konzeptuelle Komplexität des Kompetenzbegriffs in Frage zu stellen. Als zentrale Eigenschaften des Kompetenzbegriffs können – ohne Anspruch auf Vollständigkeit – genannt werden:

- Funktionalität: Kompetenzen ermöglichen problemlösendes Handeln.
- Latenz: Kompetenzen sind subjektive, latente Konstrukte (Dispositionen).
- Erlernbarkeit: Kompetenzen sind entwickelbar.
- Kontextgebundenheit: Kompetenzen sind an Kontexte gebunden.
- Komplexität: Kompetenzen sind komplexe Konstrukte.
- Unscharfe Extensionalität: Kompetenzen sind in ihrem Umfang nicht exakt bestimmbar.

6.3.2 These 2: *Vorstellung* ist eher mehrdeutig definiert

Die Vorstellungsforschung ist grundsätzlich eng mit der Theorie des *conceptual change* verbunden (womit hier verwandte Ansätze wie z. B. *conceptual reconstruction* eingeschlossen werden; Treagust und Duit 2008). Aus fachdidaktischer Sicht besteht das Anliegen der Vorstellungsforschung im Kern darin, Schülervorstellungen zu beschreiben und zu verstehen, um darauf aufbauend sinnvolle Lernangebote zur Rekonstruktion dieser Vorstellungen zu entwickeln (vgl. didaktische Rekonstruktion; Kattmann 2007). Eine zentrale Annahme zu Vorstellungen ist hierbei, dass diese in lebensweltlichen Erfahrungen gründen und im Zuge der persönlichen Erklärung und Sinngebung ebendieser Erfahrungen entstehen. Vorstellungen sind daher aus einer fachlichen Perspektive betrachtet oftmals wenig belastbar („Misconceptions"), besitzen aber eine hohe Viabilität beziehungsweise subjektive Funktionalität (Gilbert und Watts 1983). Vorstellungen können sich auf unterschiedlich komplexe Referenten beziehen (z. B. Begriffe, Konzepte, Denkfiguren; Gropengießer und Marohn 2018), wobei der Vorstellungsbegriff in der fachdidaktischen Literatur vorwiegend auf Kognitionen bezogen wird, zum Beispiel:

▶ Conceptions are „an individual's psychological, personal, knowledge structure [...]" (Gilbert und Watts 1983, S. 64–65).
▶ „Wir verstehen unter Vorstellungen ganz allgemein Kognitionen, also Verständnisse und Gedanken (zu einem bestimmten Sachgebiet). [...] In der Kognitionspsychologie werden sie unter dem Terminus Wissen subsumiert. In didaktischer Literatur werden sie auch als Vorkenntnisse bezeichnet" (Baalmann et al. 2004, S. 8).

Kattmann (2017) berücksichtigt die häufig lebensweltliche Genese von Vorstellungen und definiert den Begriff Alltagsvorstellungen wie folgt:

▶ „Mit dem Terminus „Alltagsvorstellungen" werden [...] allgemein verbreitete Vorstellungen, Gedanken, Begriffe, Überlegungen und Überzeugungen, Theorie- und Wissenselemente benannt, über die Menschen im Alltag verfügen" (S. 7).

Treagust und Duit (2008) nehmen eine alternative Perspektive auf die Vorstellungsgenese ein und betonen, dass Vorstellungen als subjektive, internale Repräsentationen verstanden werden können, die auf der Wahrnehmung externaler Repräsentationen beruhen. Gleichzeitig bleiben in dieser Definition die Beobachtung natürlicher Phänomene oder das Erleben von Alltagssituationen als Ausgangspunkte einer Vorstellungsgenese tendenziell unberücksichtigt:

▶ „[C]onceptions can be regarded as the learner's internal representations constructed from the external representations of entities constructed by other people such as teachers, textbook authors or software designers" (S. 298).

Studien haben gezeigt, dass Personen parallel verschiedene Vorstellungen zu einem Thema haben können und dass die zu einem Zeitpunkt jeweils aktivierte beziehungsweise artikulierte Vorstellung vom spezifischen Kontext abhängt, in dem die Artikulation stattfindet. Vorstellungen werden also als latent verstanden. Hierbei können sich die parallel existierenden Vorstellungen auch widersprechen (Taber 2011).

Aus der Kritik an kognitivistischen Konzepten zu Vorstellung sind Ansätze entstanden, den Vorstellungsbegriff zu erweitern und „the environment in which all information is interpreted" (Park 2007, S. 218) bereits konzeptuell zu berücksichtigen; wofür mancherorts die Begriffe *conceptual ecology* (Park 2007) oder Alltagsphantasien (Gebhard 2007; Kattmann 2007) vorgeschlagen werden.

▶ „Among these [components of conceptual ecologies] were epistemological commitments, metaphysical beliefs, the affective domain and emotional aspects, the nature of knowledge, the nature of learning, the nature of conceptions, and past experience" (Park 2007, S. 235).

▶ „Vorstellungen werden also umfassend verstanden und enthalten auch die emotionalen und biografischen Komponenten, die auch als Alltagsphantasien bezeichnet werden" (Kattmann 2007, S. 95).

▶ Alltagsphantasien umfassen „ein reichhaltiges Spektrum an Vorstellungen, Hoffnungen und Ängsten [...]. Dieses Spektrum aktivierter Kognitionen umfasst sowohl explizite Vorstellungen, die im Fokus der Aufmerksamkeit liegen und die sprachlich artikuliert werden können, als auch implizite Vorstellungen, die sich in Form von Assoziationen, Intuitionen oder emotionalen Reaktionen äußern" (Gebhard 2007, S. 117).

Die Vorschläge zur Definition des Vorstellungsbegriffs illustrieren, dass keine einheitliche konzeptuelle Definition des Vorstellungsbegriffs vorliegt und die vorliegenden Definitionen oftmals keine klare Beziehung zwischen dem Vorstellungsbegriff und etablierten kognitionspsychologischen Konstrukten herstellen. Der Vorstellungsbegriff wird als Teil des Wissens einer Person (Baalmann et al. 2004) oder als Sammelbegriff für Wissen, Überzeugungen und weitere Kognitionen verstanden (Kattmann 2017); wobei (Alltags-)Vorstellungen auch zirkulär als Vorstellungen definiert werden (Kattmann 2017). Insbesondere das Verhältnis zwischen Vorstellungen und Wissen ist theoretisch und empirisch nicht geklärt, möglicherweise, weil dies vom eigenen erkenntnistheoretischen Standpunkt abhängt (Gilbert und Watts 1983). Dementsprechend beklagt Taber (2011) „a lack of a consensus approach to concepts“ (S. 12). Aus fachdidaktischer Perspektive kann geprüft werden, inwiefern das jeweils vertretene Konzept von Vorstellung sich auf die verfolgten Prinzipien bei der Diagnose und Rekonstruktion von Vorstellungen auswirken. Eine präzise und eindeutige Definition des Vorstellungsbegriffs könnte dann zu einer klaren Vorgehensweise bei der Beschreibung von Leitlinien für den Unterricht beziehungsweise der Erarbeitung fachlicher Unterrichtskonzeptionen im Rahmen der didaktischen Rekonstruktion beitragen.

Die Vorschläge zur Erweiterung des Vorstellungsbegriffs und der Integration von biografischen, emotionalen und affektiven Komponenten nähern den Vorstellungsbegriff in seiner Komplexität dem Kompetenzbegriff an. Insbesondere das Verhältnis zwischen Vorstellungen und Alltagsphantasien scheint allerdings unklar zu sein; während Kattmann (2007) Vorstellungen als das übergeordnete Konstrukt betrachtet, ist es bei Gebhard (2007) umgekehrt. Durch die Wahl alternativer Termini (z. B. *conceptual ecology,* Alltagsphantasien) wird aber gleichzeitig deutlich, dass der Vorstellungsbegriff im engeren Sinne *(conception)* weitgehend als rein kognitiv aufgefasst wird (z. B. Baalmann et al. 2004; Gilbert und Watts 1983).

Angelehnt an das obige Vorgehen zum Kompetenzbegriff können auch für den Vorstellungsbegriff Kompromissauffassungen identifiziert und Eigenschaften des Vorstellungsbegriffs genannt werden, die diesem von vielen Autoren der naturwissenschaftsdidaktischen Forschung zugeschrieben werden. Hierzu gehören, erneut ohne Anspruch auf Vollständigkeit:

- Funktionalität (i. S. v. Viabilität): Vorstellungen ermöglichen Verstehen.
- Latenz: Vorstellungen sind subjektive, latente Konstrukte.
- Erlernbarkeit: Vorstellungen können verändert und rekonstruiert werden.
- Kontextgebundenheit: Vorstellungen können kontextabhängig variieren.
- Kognitivität: Vorstellungen sind Kognitionen.
- Referenten: Vorstellungen beziehen sich auf unterschiedlich komplexe Referenten.

6.3.3 These 3: Es besteht Differenz zwischen *Vorstellung* und *Kompetenz*

Tab. 6.1 stellt, basierend auf den herausgearbeiteten Kompromissauffassungen, einige Eigenschaften der Konzepte zu **Vorstellung und Kompetenz** gegenüber. Es wird deutlich, dass es Eigenschaften gibt, die beiden Konzepten zugeschrieben werden: Latenz, Erlernbarkeit und Kontextgebundenheit. Ein wesentlicher Unterschied zwischen **Vorstellung und Kompetenz** scheint in der jeweiligen Funktionalität zu liegen. Während das zentrale Bewertungskriterium von Vorstellungen deren Viabilität und nicht Veridikalität (d. h. Realitätsentsprechung) ist, also die persönliche Brauchbarkeit, sind Kompetenzen auf die Bearbeitung und Lösung von Problemen ausgerichtet. Die Funktionalität von Vorstellungen muss sich demnach für das Subjekt, also *intern* bewähren (Gilbert und Watts 1983; Gropengießer und Marohn 2018). Demgegenüber werden Kompetenzen in der Regel durch eine Klasse von Situationen oder zu bewältigende Aufgaben definiert, und aus der Beobachtung der Performanz wird einer Person eine Kompetenz beziehungsweise ein Kompetenzniveau zugeschrieben. Die Funktionalität von Kompetenzen muss sich demnach für den Beobachter, also *extern* bewähren (Max 1999; Shavelson 2010). Ein weiterer Unterschied liegt in der Extensionalität und der Komplexität der beiden Konstrukte. Der Vorstellungsbegriff im engeren Sinne wird weitgehend als rein kognitiv verstanden (vgl. Baalmann et al. 2004; Gilbert und Watts 1983). Kompetenzen hingegen umfassen in den meisten Konzeptionen neben kognitiven Leistungsdispositionen (vgl. Klieme et al. 2007) ebenfalls weitere, etwa motivationale, volitionale und soziale Bereitschaften und Fähigkeiten (vgl. Rychen und Salganik 2003; Weinert 2001). Die Komplexität des Vorstellungsbegriffs bezieht sich

Tab. 6.1 Eigenschaften der Konzepte zu **Vorstellung und Kompetenz**

Eigenschaft	Vorstellung	Kompetenz
Latenz	Vorstellungen und Kompetenzen sind nicht direkt beobachtbar, sondern müssen interpretativ erschlossen werden	
Erlernbarkeit	Vorstellungen und Kompetenzen können sich verändern und entwickeln	
Kontextgebundenheit	Vorstellungen und Kompetenzen sind kontextabhängig und können über Kontexte variieren	
Funktionalität	Vorstellungen ermöglichen Sinngebung und bewähren sich durch interne Brauchbarkeit	Kompetenzen ermöglichen Problemlösen und werden extern beurteilt und zugeschrieben
Extensionalität	Vorstellungen sind kognitive Konstrukte	Kompetenzen beinhalten kognitive sowie weitere Bereitschaften und Fähigkeiten
Komplexität	Vorstellungen beziehen sich auf unterschiedlich komplexe Referenten	Kompetenzen sind komplexe Konstrukte

demgegenüber auf die mögliche Komplexität des Referenten (z. B. Begriffe, Konzepte, Denkfiguren; Gropengießer und Marohn 2018).

Auf der Grundlage des Vergleichs der Kompromissauffassungen (Tab. 6.1) kann die durch die Leitfragen aufgeworfene These über eine grundlegende Differenz zwischen den in der naturwissenschaftsdidaktischen Forschung mit den Begriffen **Vorstellung und Kompetenz** verbundenen Konzepten nur in Teilen bestätigt werden. Die Diskussion im Round Table ergab den Vorschlag, Vorstellungen als Bestandteil der kognitiven Dimension von Kompetenzen zu verorten. Zur Illustration dieses Vorschlags wurde die im Zusammenhang des Kompetenzbegriffs etablierte Eisbergmetapher gewählt (Abb. 6.1). Die Verortung des Vorstellungsbegriffs innerhalb des Kompetenzbegriffs soll keine Hierarchisierung der mit beiden Konzepten befassten Forschungsprogramme andeuten und meint nicht, dass Vorstellungen zwangsläufig aus einer kompetenzorientierten Perspektive zu betrachten sind. Das Zusammenbringen beider Konzepte in diesem Sinne lag aber nahe, da Kompetenzen als komplexe Konstrukte betrachtet und Vorstellungen vor allem als Kognitionen und mancherorts sogar als Teil des Wissens einer Person verstanden werden (Baalman et al. 2004). Vorstellungen können also als Bestandteil der kognitiven Ressourcen von Personen aufgefasst werden, auf die für eine Problemlösung zurückgegriffen werden kann. Da aber gleichzeitig das Verhältnis von Vorstellung und Wissen nicht geklärt ist (Taber 2011), kann dieser Vorschlag nur als ein Versuch einer konzeptuellen Zusammenführung von **Vorstellung und Kompetenz** betrachtet werden.

6.4 Fazit

Der Vergleich und die Zusammenführung der in der naturwissenschaftsdidaktischen Forschung etablierten Konzepte zu **Vorstellung und Kompetenz** hat gezeigt, dass beide Konzepte gemeinsame Eigenschaften aufweisen, sich aber insbesondere in ihrer Funktionalität sowie zugeschriebenen Extensionalität und Komplexität unterscheiden (Tab. 6.1). Gleichzeitig wird die konzeptuelle Zusammenführung durch eine uneinheitliche Definition des Konzepts Vorstellung erschwert; vor allem bezüglich des Verhältnisses zwischen Wissen und Vorstellung. Opp (2014) hebt die Bedeutung einer präzisen und eindeutigen Definition von Begriffen hervor, um eine Kommunikation zwischen Wissenschaftlern sowie Kritik und empirische Prüfungen zu ermöglichen. Aus dieser Perspektive scheint besonders die Verwendung des Vorstellungsbegriffs als Sammelbegriff für diverse kognitive Konstrukte problematisch (z. B. Überzeugungen, Wissen, Theorien; Kattmann 2017).

Konzeptuelle Uneinigkeit bezüglich der Integration von motivationalen, volitionalen und sozialen Bereitschaften und Fähigkeiten besteht bei beiden Konzepten. Für den Vorstellungsbegriff scheinen sich für das weitere Begriffsverständnis alternative Bezeichnungen etabliert zu haben (z. B. Kattmann 2007; Park 2007), wodurch die Eindeutigkeit des Vorstellungsbegriffs im engeren Sinne *(conception)* potentiell gestärkt wird. Für den Kompetenzbegriff stimmen die meisten Autoren darin

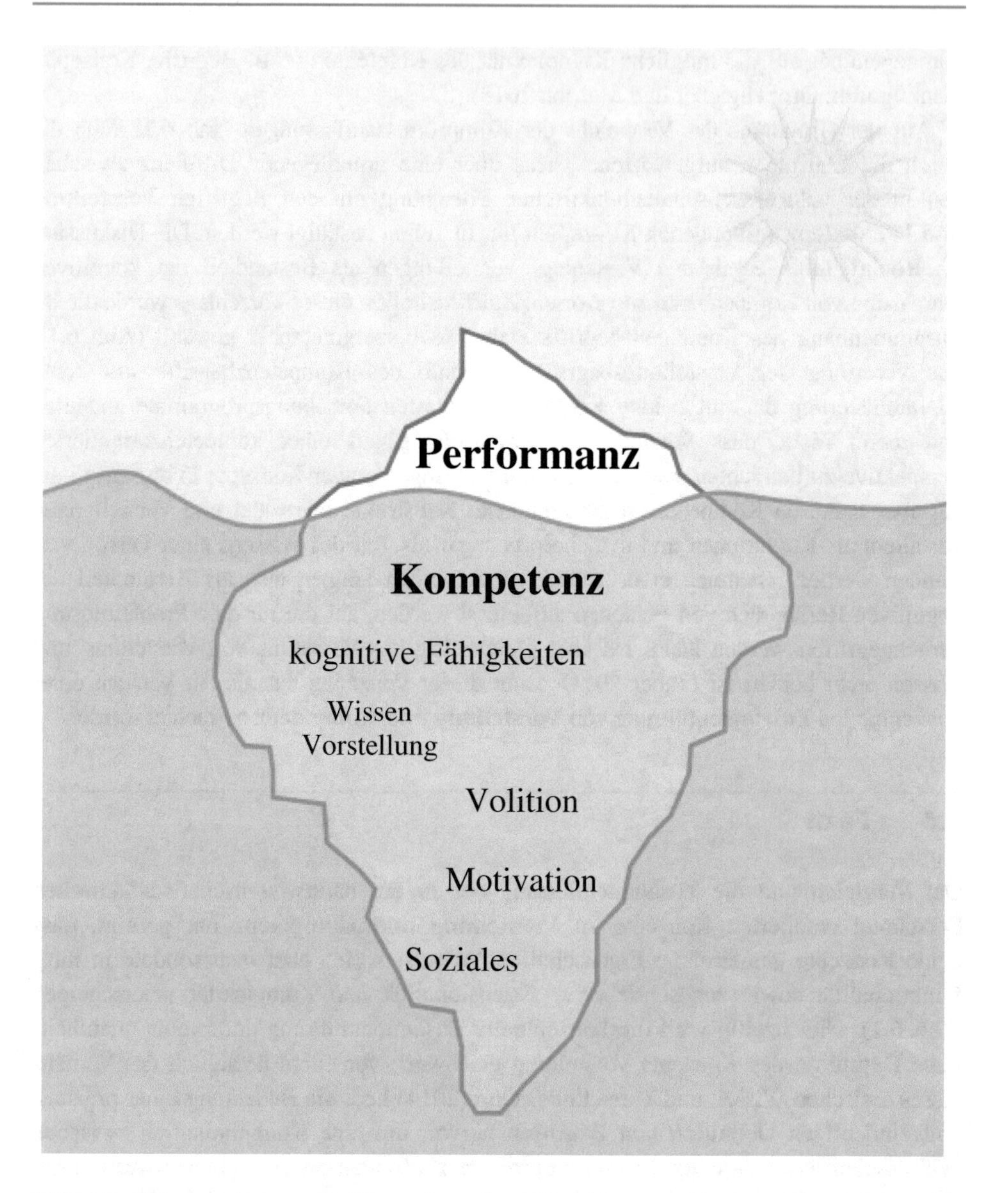

Abb. 6.1 Eisbergmetapher zur Illustration eines Vorschlags zur konzeptuellen Zusammenführung von Vorstellung und Kompetenz. Die Schriftgröße bezieht sich auf die Extensionalität der Konstrukte; bspw. sind kognitive Fähigkeiten Teil von Kompetenz und Wissen wiederum Teil von kognitive Fähigkeiten. (Abbildung verändert, ursprüngliche Abbildung von Wuzur gemeinfrei; https://commons.wikimedia.org/wiki/File:Iceberg.svg?uselang=de)

überein, Kompetenzen als komplexe Konstrukte zu verstehen, die auch zum Beispiel motivationale, volitionale und soziale Bereitschaften und Fähigkeiten umfassen (z. B. Franke 2005; Weinert 2001). Auch im Falle einer operationalen Definition von

Kompetenzen als rein kognitive Konstrukte wird die konzeptuelle Komplexität des Kompetenzbegriffs dabei in der Regel nicht in Frage gestellt (z. B. Klieme et al. 2007). An beiden Fällen wird exemplarisch das Bemühen um eine eindeutige Begriffsdefinition in der naturwissenschaftsdidaktischen Forschung deutlich.

An den oben skizzierten Positionen (Norris 1991; Opp 2014) zeigt sich, dass die Bedeutsamkeit einer eindeutigen und präzisen Begriffsdefinition auch kritisch diskutiert werden kann. Während Opp (2014) dies als grundsätzlich wünschenswert betrachtet, sieht Norris (1991) auch praktische Nachteile. So kann ein zu starkes Bemühen um begriffliche Präzision und Eindeutigkeit die Praktikabilität eines Konzepts potentiell einschränken (Norris 1991). Aus dieser Perspektive betrachtet kann das konzeptuell unklare Verhältnis zwischen Vorstellung und verwandten kognitiven Konstrukten (z. B. Wissen) auch als Offenheit und Stärke betrachtet werden, unterschiedliche theoretische und methodische Zugänge unter dem Dach eines Forschungsprogramms zu vereinen. Dies kann dazu beigetragen haben, dass sich die Vorstellungsforschung „zum wichtigsten Zweig naturwissenschaftsdidaktischer Forschung" (Gropengießer und Marohn 2018, S. 51) entwickeln konnte.

Auf der Basis dieser Überlegungen können die von den Tagungsausrichtern vorgeschlagenen Leitfragen für den Round Table **Vorstellung und Kompetenz** wieder aufgegriffen werden:

1. Welchen Beitrag leistet die Vorstellungsforschung zum aktuellen Kompetenzdiskurs?
2. In welchem Spannungsverhältnis stehen Vorstellungs- und Kompetenzentwicklung?

Die oben hinterfragte und in Leitfrage 1 angedeutete Differenz zwischen Vorstellungs*forschung* und Kompetenz*diskurs* scheint in der Tat auf Spezifika der mit beiden Konstrukten befassten Forschungsprogramme hinzudeuten. Während die Popularität der naturwissenschaftsdidaktischen Vorstellungsforschung möglicherweise durch die Attraktivität und Praktikabilität eines flexiblen und wenig starren Konstrukts befördert wurde, ist die Diskussion über eine angemessene Definition des Kompetenzbegriffs inhärenter Bestandteil der Etablierung des Paradigmas der Kompetenzorientierung (vgl. Klieme et al. 2007) – auch in der naturwissenschaftsdidaktischen Forschung. Vor diesem Hintergrund kann Leitfrage 1 umformuliert werden in: Welchen Beitrag leistet die Vorstellungsforschung zum aktuellen Kompetenzdiskurs – *und umgekehrt?* Während die Vertreter der naturwissenschaftsdidaktischen Vorstellungsforschung eine eindeutige Definition des Vorstellungsbegriffs erarbeiten sollten, ohne dabei unterschiedliche operationale Definitionen auszuschließen, könnte im Rahmen des Kompetenzdiskurses kritisch hinterfragt werden, inwiefern die konzeptuelle Komplexität des Kompetenzbegriffs noch praktikabel ist oder pragmatische Einschränkungen für empirische Studien (Klieme et al. 2007) schlechterdings notwendig macht.

Das mit Leitfrage 2 unterstellte Spannungsverhältnis zwischen Vorstellungs- und Kompetenzentwicklung konnte auf konzeptueller Ebene nicht klar herausgearbeitet werden. Zwar scheinen **Vorstellung und Kompetenz** eine jeweils spezifische Funktionalität (intern vs. extern) aufzuweisen und damit möglicherweise auch spezifische Entwicklungslogiken zu besitzen, der Vorstellungsbegriff konnte allerdings schlüssig in den Kompetenzbegriff integriert werden (Abb. 6.1). Die Untersuchung der Frage, inwiefern tatsächlich ein Spannungsverhältnis zwischen Vorstellungs- und Kompetenzentwicklung besteht, hängt möglicherweise auch von der jeweils vertretenen theoretischen Verortung des Vorstellungsbegriffs ab (vgl. Gilbert und Watt 1983).

6.5 Ausblick

Als Ergebnis können die folgenden Forschungsfragen festgehalten werden, die es zukünftig in der naturwissenschaftsdidaktischen Forschung zu beantworten gilt. Diese beziehen sich sowohl auf die hier diskutierten Konzepte im Einzelnen als auch auf deren Verhältnis zueinander.

- Inwiefern werden naturwissenschaftsdidaktische Studien zur Kompetenzerfassung und -entwicklung den Ansprüchen des Kompetenzkonstrukts gerecht, oder werden diese Ansprüche regelmäßig durch angepasste operationale Definitionen reduziert?
- In welcher Weise kann der Vorstellungsbegriff in ein klares Verhältnis zu etablierten kognitiven Konstrukten (z. B. Wissen) gesetzt werden, ohne dabei die Praktikabilität des Konzepts zu reduzieren?
- In welchem Verhältnis stehen Vorstellung und Kompetenz; zwei zentrale Konzepte der naturwissenschaftsdidaktischen Forschung in Deutschland?
- Welche Rolle spielen Vorstellungen bei der Bearbeitung von komplexen Aufgaben oder Problemen?
- Inwiefern besteht ein Spannungsverhältnis zwischen Vorstellungs- und Kompetenzentwicklung?
- Inwiefern trägt die Rekonstruktion von Vorstellungen zur Kompetenzentwicklung bei?
- Inwiefern entsprechen Unterrichtskonzeptionen zur Rekonstruktion von Vorstellungen den Ansprüchen kompetenzorientierter Lernumgebungen?

Anmerkungen

1. Aus Gründen der leichteren Lesbarkeit wird auf die geschlechtsspezifische Unterscheidung verzichtet. Die grammatisch männliche Form wird geschlechtsneutral verwendet und meint das weibliche und männliche Ge-schlecht gleichermaßen.

Literatur

Baalmann W. Frerichs V, Weitzel H, Gropengießer H, Kattmann U (2004) Schülervorstellungen zu Prozessen der Anpassung: Ergebnisse einer Interviewstudie im Rahmen der Didaktischen Rekonstruktion. ZfDN 10:7–28

Franke G (2005) Facetten der Kompetenzentwicklung. Bertelsmann, Bielefeld

Gebhard U (2007) Intuitive Vorstellungen bei Denk- und Lernprozessen: Der Ansatz „Alltagsphantasien". In: Krüger D, Vogt H (Hrsg) Theorien in der biologiedidaktischen Forschung. Springer, Berlin, S 117–128

Gilbert J, Watts D (1983) Concepts, misconceptions and alternative conceptions. Studies in Science Education 10:61–98

Gropengießer H, Marohn A (2018) Schülervorstellungen und Conceptual Change. In: Krüger D, Parchmann I, Schecker H (Hrsg) Theorien in der naturwissenschaftsdidaktischen Forschung. Springer, Berlin, S 49–67

Hammann M, Asshoff R (2014) Schülervorstellungen im Biologieunterricht. Friedrich, Seelze

Hyun Ju Park (2007) Components of Conceptual Ecologies. Research in Science Education 37(2):217–237

Kattmann U (2007) Didaktische Rekonstruktion. In: Krüger D, Vogt H (Hrsg) Theorien in der biologiedidaktischen Forschung. Springer, Berlin, S 93–104

Kattmann U (2017) Biologie unterrichten mit Alltagsvorstellungen. Friedrich, Seelze

Klieme E, Maag-Merki K, Hartig J (2007) Kompetenzbgriff und Bedeutung von Kompetenzen im Bildungswesen. In: Hartig J, Klieme E (Hrsg) Möglichkeiten und Voraussetzungen technologiebasierter Kompetenzdiagnostik. BMBF, Bonn & Berlin, S 5–15

Max C (1999) Entwicklung von Kompetenz. Peter Lang, Frankfurt a. M.

Norris N (1991) The trouble with competence. Camb J Educ 21:331–341

Opp K-D (2014) Methodologie der Sozialwissenschaften. Springer VS, Wiesbaden

Rychen D, Salganik L (2003) A holistic model of competence. In: Rychen D, Salganik L (Hrsg) Key competencies for a successful life and a well-functioning society. Hogrefe & Huber, Cambridge, S 41–62

Shavelson R (2010) On the measurement of competency. Empirical Research in Vocational Education and Training 2:41–63

Taber K (2011) Understanding the nature and process of conceptual change. Education Review 14:1–17

Treagust D, Duit R (2008) Conceptual change. Cult Sci Edu 3:297–328

Weinert F (2001) Vergleichende Leistungsmessungen an Schulen. In: Weinert F (Hrsg) Leistungsmessungen in Schulen. Beltz, Weinheim & Basel, S 17–31

Weiterführende Literatur

Es werden Beiträge empfohlen, die jeweils eine vertiefende Lektüre zu den hier diskutierten Begriffen und damit verbundenen Konzepten erlauben.

Dieser Beitrag bietet mit einem Schwerpunkt auf der französischsprachigen Kompetenzforschung auf etwa 500 Seiten eine theoretisch umfangreiche Einordnung des Kompetenzbegriffs und seiner Bedeutung als Gestaltungsprinzip für Bildungsprozesse in Berufs- und Schulbildung: Max C (1999b) Entwicklung von Kompetenz. Peter Lang, Frankfurt a. M.

Dieser Beitrag bietet einen guten Einstieg in Konzepte zu Kompetenz und damit verbundene Implikationen für Bildungsprozesse und empirische Bildungsforschung: Rychen D, Salganik L (2003b) A holistic model of competence. In: Rychen D, Salganik L (Hrsg) Key competencies for a successful life and a well-functioning society. Hogrefe & Huber, Cambridge, S 41–62

Diese Herausgabe sammelt Beiträge von international renommierten Autoren zur Vorstellungsforschung und *conceptual change* (z. B. Alexander, Chi, diSessa, Vosniadou). Die Beiträge umfassen theoretische Aspekte zu Vorstellung und *conceptual change,* fachspezifische Beispiele (z. B. zu Evolutionsbiologie) sowie Konsequenzen für die Gestaltung von Lehr-Lern-Umgebungen: Vosniadou S (Hrsg) (2013) International handbook of research on conceptual change, 2. Aufl. Routledge, New York

Dr. Moritz Krell hat Politikwissenschaft und Biologie (Lehramt an Gymnasien) an der Freien Universität Berlin studiert, wo er anschließend zum Thema Erfassung und Beschreibung des Modellverstehens von Schülerinnen und Schülern der Sekundarstufe I promoviert hat. Seither arbeitet er als wissenschaftlicher Mitarbeiter mit Aufgabenschwerpunkt in der Lehre in der Arbeitsgruppe Didaktik der Biologie an der Freien Universität Berlin. Seine Forschungsschwerpunkte liegen in den Bereichen Modellierung, Erfassung und Förderung von Kompetenzen in den Bereichen Erkenntnisgewinnung und Bewertung.

Vorstellungen diagnostizieren

7

Potentiale und Herausforderungen im Kontext der Lehrerbildung

Sarah Dannemann

Zusammenfassung

Die Forschung zum Denken und Handeln von Lehrenden[1] hat in den Bildungswissenschaften eine lange Tradition. Infolge der größer werdenden unterrichtlichen Herausforderungen hat sich in den letzten Jahren ein Forschungs- und Entwicklungsschwerpunkt etabliert, der Elemente des Lehrerhandelns bereits in der universitären Lehrerbildung ins Zentrum stellt. Ein Fokus der Biologiedidaktik liegt hierbei auf dem Diagnostizieren von subjektiven Vorstellungen und einer auf die Ergebnisse abgestimmten Förderung. Damit sind Diagnosen in der universitären Lehrerbildung in zweifacher Hinsicht relevant: als zu erarbeitender Gegenstand und als Grundlage für eine Reflexion der Verständnisse und Handlungen von Studierenden. In diesem Beitrag werden vier Aspekte der Lehrerbildungsdebatte aufgegriffen und ausgehend von den im Round Table vorgestellten Forschungsprojekten diskutiert: das Verständnis von Vorstellungen als Sinnstrukturen, die didaktische Rekonstruktion als verbindendes Strukturmodell für Forschung und Lehre, forschendes Lernen zu Schülervorstellungen als Anlass für kritische Reflexionen und die Bedeutung verschiedener Professionalisierungsansätze für die biologiedidaktische Forschung und Lehrerbildung.

S. Dannemann (✉)
Fachdidaktik Biologie, Rheinische Friedrich-Wilhelms Universität Bonn,
Bonn, Deutschland
E-Mail: s.dannemann@uni-bonn.de

B. Reinisch et al. (Hrsg.), *Biologiedidaktische Vorstellungsforschung: Zukunftsweisende Praxis*, https://doi.org/10.1007/978-3-662-61342-9_7

7.1 Einführung

Die Forschung zum Denken und Handeln von Lehrenden hat in den Erziehungswissenschaften und Fachdidaktiken eine lange Tradition. Aufgrund seiner hohen Komplexität, vielfältigen Handlungsunsicherheiten und fehlenden eindeutigen Strategien wird der Lehrberuf als „unmöglicher Beruf" bezeichnet (Terhart 2011, S. 206). In den letzten Jahren wird vielfach sogar eine Verschärfung dieser Herausforderungen diskutiert, wozu veränderte gesellschaftliche Anforderungen an die schulische Bildung und die als stärker heterogen eingeschätzte Gruppe der Schüler beitragen (Selter et al. 2017). Zudem wurde die Bedeutung der Lehrenden für gelingenden Unterricht durch (Meta-)Analysen betont, wobei die Einstellungen, das Wissen und das Handeln der Lehrenden als relevante Einflüsse auf Leistungen der Schüler gezeigt wurden – wenn ausschließlich der schulische Bereich betrachtet wird (Hattie 2003). In der Folge hat sich in den letzten Jahren in den lehrerbildenden Disziplinen ein Forschungsschwerpunkt etabliert, der auf die Theorie-Praxis-Beziehungen in der Lehrerbildung, häufig verbunden mit dem Ziel einer Professionalisierung der Lehrpersonen, gerichtet ist. Dabei hat sich der Fokus – auch in der universitären Lehrerbildung – aktuell vom Wissen auf das Handeln verschoben, wie sich beispielsweise in den Untersuchungen zum Diagnostizieren (Beretz et al. 2017) oder zur professionellen Wahrnehmung (Seidel und Stürmer 2014) von Lehramtsstudierenden zeigt.

In der biologiedidaktischen Vorstellungsforschung hat der diagnostische Blick auf die Perspektiven von Lernenden eine lange Tradition – vielfach zitiert wurde Diesterwegs Aussage „Ohne Kenntnis des Standpunktes des Schülers [oder des Studierenden; Dannemann] ist keine ordentliche Belehrung desselben möglich" (Diesterweg 1835, zit. nach Kattmann 2015, S. 9). Bereits hier lagen Erfahrungen in Lernprozessen vor, die zeigten, dass sich Alltagserklärungen von fachlich angemessenen Erklärungen unterscheiden und dass ihre Berücksichtigung Einfluss auf gelingende Lernprozesse haben kann. Die Analyse der Vorstellungen von Schülern und der Möglichkeiten, mit ihnen zu lernen, stellt ein überdauerndes Forschungsfeld dar, das als charakteristisch für die Naturwissenschaftsdidaktiken angesehen werden kann. Für Lehramtsstudierende in der Biologiedidaktik bilden die Diagnose von Schülervorstellungen zu biologischen Phänomenen und darauf aufbauende Vermittlungsmöglichkeiten daher einen zentralen Lerngegenstand.

Auch die Vorstellungen von (angehenden) Lehrenden werden analysiert, wobei hier zunächst ebenfalls biologische Themen (z. B. Evolution; van Dijk 2009) im Vordergrund standen. Im Zuge der Professionalisierungsdebatte werden vermehrt auch Vorstellungen zu biologiedidaktischen Gegenständen (z. B. zum Gegenstand der Schülervorstellungen, vgl. Dannemann et al. 2018) untersucht. Damit stellt die Verbindung von Diagnose und Vorstellungen in der universitären Lehrerbildung nicht nur einen Lerngegenstand für die Studierenden dar. Zugleich werden ihre Vorstellungen, ihr diagnostisches Handeln und ihre Lernwege erforscht.

Der aktuelle Fokus auf die Diagnose von Studierendenvorstellungen zeigt sich auch an den Beiträgen des Round Table **Vorstellung und Diagnose,** die sich durchgehend auf die Diagnose bestimmter Fähigkeiten und/oder Verhaltensweisen von Lehramtsstudierenden beziehen. In diesem Artikel sollen daher ausgehend von einer Zusammenstellung des Diskussionsstandes Anregungen für einen weiterführenden Austausch über die Diagnose fachdidaktischer Vorstellungen im Kontext der biologiedidaktischen Lehrerbildung gegeben werden.

7.2 Leitfragen

Die für den Round Table vorgeschlagenen Fragen zielten primär auf die Möglichkeiten der Diagnose des Kompetenzstandes von (angehenden) Lehrpersonen ab. Sie wurden in der Diskussion um Fragen nach dem spezifischen Verständnis der jeweils untersuchten Gegenstände – wie Vorstellungen, Kompetenzen oder (Planungs-)Fähigkeiten –, den Zielen und spezifischen Vorgehensweisen und dem professionstheoretischen und lerntheoretischen Bezugsrahmen der Studien ergänzt (Tab. 7.1). Es ist auffallend, dass die beiden im Titel des Round Table zentralen Termini **Vorstellungen** und **Diagnose** nur selten in den Beschreibungen der Studien genutzt wurden. Stattdessen werden verschiedene Wissensformen oder Verhaltensweisen von Lehramtsstudierenden „analysiert“, weshalb die drei hier aufgegriffenen Leitfragen auch terminologisch erweitert wurden:

- Welcher konkrete Gegenstand wird jeweils diagnostiziert bzw. analysiert?
  - Welche Gegenstände werden im Rahmen der Lehrerbildung diagnostiziert?
  - Was wird im Kontext der jeweiligen Studie unter **Vorstellungen** verstanden?
- Wie werden die Gegenstände in der Lehrerbildung diagnostiziert bzw. analysiert?
  - Was wird unter **Diagnose** verstanden?
  - Wie werden Modellierungen in diesem Kontext eingesetzt?
- Zu welchem Zweck wird diagnostiziert bzw. analysiert?
  - Welches Professionalisierungsverständnis rahmt die Diagnose bzw. Analyse?
  - Welches Lernverständnis rahmt die Diagnose bzw. Analyse?

7.3 Diskurs

Im Folgenden werden vier auf die Leitfragen bezogene Thesen diskutiert. Dazu werden zunächst exemplarisch Bezüge zu einer oder mehreren der präsentierten Studien (Tab. 7.1) hergestellt und davon ausgehend mögliche Impulse für die Vorstellungsforschung in der biologiedidaktischen Lehrerbildung diskutiert.

Bei einem Vergleich der vier Studien fällt zunächst auf, dass unterschiedliche Zwecke der jeweiligen Erhebung angegeben werden. Nur in einem Fall wird dabei von einer **Diagnose** gesprochen (→ Helbig und Krüger[2]) – in den anderen drei Studien werden

Tab. 7.1 Übersicht über die Erhebungszwecke, die zentralen theoretischen Rahmungen sowie die Gegenstände der vorgestellten Studien. (vgl. Onlinezusatzmaterial)

Studie	Zweck der Erhebung	Theorierahmen	Gegenstände
Woehlecke	Analyse der Entwicklung des fachbezogenen Wissens im Rahmen eines Seminars	Modell des erweiterten Fachwissens für den schulischen Kontext	Studierende: fachlich naive Vorstellungen, schulisches und universitäres Wissen
Helbig und Krüger	Test zur Diagnose des Umgangs mit Schülervorstellungen als Teil von professioneller Wahrnehmung	Professionelle Wahrnehmung	Studierende: Kompetenzen (Wissen, Handeln, Reflektieren)
			Schüler: Vorstellungen
Schuhmacher	Analyse der Unterrichtsplanungen nach dem Modell der didaktischen Rekonstruktion	Conceptual-Change-Ansatz	Studierende: Fähigkeiten und Handlungen
			Schüler: Fakten, zentrale Konzepte (Komplexitätsebene von Vorstellungen)
Steinwachs und Gresch	Analyse des Umgangs mit Sachantinomien im Rahmen eines fallrekonstruktiven Seminars	Habitustheorie	Studierende: implizites Wissen (Einfluss auf Unterrichtswahrnehmung)
			Schüler: Vorstellungen

Analysen durchgeführt. Dabei stellen die **biologiedidaktischen Vorstellungen** der Lehramtsstudierenden keinen zentralen Analyse- oder Diagnosegegenstand dar. Ermittelt werden im Rahmen der Lehrerbildung die biologischen Vorstellungen bzw. das biologische Fach**wissen** (→ Woehlecke), die professionellen Wahrnehmungs- (→ Helbig und Krüger, → Schuhmacher) oder Planungs**handlungen** (→ Steinwachs und Gresch) sowie der soziologische Gegenstand des Lehrer-**Habitus** (→ Steinwachs und Gresch). Entsprechend unterschiedlich werden die Rahmentheorien gewählt: Steinwachs und Gresch beziehen sich auf ein strukturtheoretisches Professionalisierungsmodell, während zudem handlungs- bzw. prozessbezogene Modelle (→ Helbig und Krüger, → Schuhmacher, → Steinwachs und Gresch) bzw. das Modell des erweiterten Fachwissens (→ Steinwachs und Gresch, → Woehlecke) herangezogen werden. Als Lerngegenstand für die Lehramtsstudierenden wird der Umgang mit Schülervorstellungen zu biologischen Phänomenen in den Studien von Helbig und Krüger, Schuhmacher und Steinwachs und Gresch (Tab. 7.1) angesprochen. Dies unterstreicht die besondere Bedeutung, welche die Biologiedidaktik den biologiebezogenen Vorstellungen mit Blick auf das schulische Lernen zumisst.

7.3.1 These 1: Vorstellungsanalysen ermöglichen das Erforschen und die Reflexion von subjektiven Sinnstrukturen

Ein zentrales Diskussionsthema war, welche Gegenstände in den vorgestellten biologiedidaktischen Studien adressiert werden. Die Frage wurde in zweifacher Weise konkretisiert: Zum einen wurde das Verständnis von Vorstellungen in den jeweiligen Studien diskutiert und zum anderen ihre Abgrenzung zu anderen verwendeten Bezeichnungen für mentale Konstrukte wie Wissen oder Kompetenzen (Tab. 7.1).

Woehlecke stellt ein Seminarkonzept für die Lehrerbildung vor, in dessen Rahmen Lernentwicklungen von Studierenden zu zellbiologischen Inhalten untersucht werden (Tab. 7.1). Ziel ist es, die fachliche Angemessenheit der Studierendenvorstellungen sowie typische Entwicklungsverläufe über verschiedene fachliche Kontexte hinweg zu erschließen. Um dies zu erheben, erstellen die Studierenden gemeinsam Concept Maps und werden dabei video- oder/und audiografiert. Neben ihren Vorstellungen werden auch die Quellen ihres fachlichen Wissens untersucht, wobei **schulisches und universitäres Wissen** unterschieden werden. Fallübergreifend werden die **Vorstellungen** der Studierenden qualitativ inhaltsanalytisch rekonstruiert und als **naiv bis fachlich unangemessen** beurteilt. Sie werden vorwiegend dem Schulwissen zugeordnet.

Beim Vergleich der in den jeweiligen Studien untersuchten Gegenstände fällt auf, dass der Terminus **Vorstellungen** nur in der Studie von Woehlecke (Tab. 7.1) für die Bezeichnung der mentalen Konstrukte der Lehramtsstudierenden genutzt wird. In den anderen drei Studien werden die Forschungsgegenstände als Kompetenzen (→ Helbig und Krüger), Fähigkeiten (→ Schuhmacher) oder (implizites) Wissen (→ Steinwachs und Gresch) bezeichnet. In der Studie von Woehlecke (Tab. 7.1) wird die Bezeichnung der Vorstellungen allerdings nur für die hier als **naiv** charakterisierten Denkweisen verwendet – schulisch oder universitär angemessene Denkweisen werden demgegenüber als Wissen bezeichnet. Im Unterschied dazu wird das Denken der Schüler in den beiden Studien, in denen es thematisiert wird (→ Helbig und Krüger, → Steinwachs und Gresch) ohne Wertung als Vorstellung bezeichnet.

Ausgehend von dieser Beobachtung werden im Weiteren zwei Aspekte vertieft, die sich auf die Ebene der Studierenden beziehen:

1. die Bezeichnung der Vorstellungen wird beim Vergleich der vorgestellten Studien nur einmal, und zwar ausschließlich für fachbezogenes Denken genutzt, und
2. sie wird nur für Denkweisen genutzt, die als defizitär angesehen werden.

Den letzten Aspekt stellt auch Schuhmacher als zentral für das Denken von Lehramtsstudierenden heraus.

Die Diskussion des ersten Aspekts ergab als zentrale Schwierigkeit eine gewisse Unschärfe des Vorstellungsbegriffs (Kap. 6). Diese machte sich zum einen an der Art von Wissen fest, das als Vorstellung bezeichnet wird. In den Beiträgen orientierte sich dies am tradierten Verständnis der Schülervorstellungen, die sich auf fachliche Wissensdomänen als Referenten beziehen. Doch auch hier sind unterschiedliche Theorierahmen vorhanden, die Vorstellungen unterschiedlich konzeptualisieren (vgl. Amin 2014; Gropengießer 2006). Für die Bezeichnung des Denkens über fachdidaktische Inhalte scheint der Terminus problematisch zu sein. Die Wahl anderer Bezeichnungen kann als der jeweilige Versuch gesehen werden, das in den Studien untersuchte Wissen möglichst genau zu beschreiben. Hieraus ergibt sich für die biologiedidaktische Vorstellungsforschung die Anforderung, das jeweilige Verständnis von Vorstellungen explizit darzustellen, nicht um die Vielfalt an theoretischen Rahmen zu reduzieren, sondern sich im Feld zu verorten und so eine substantielle Diskussion über ihre Bedeutung für das Lehren und Lernen zu ermöglichen. An dieser Stelle soll der Vorschlag aufgegriffen werden, den Terminus der Vorstellung für eine spezifische Wissensform zu nutzen. In der Biologiedidaktik werden verschiedene theoretische Modellierungen von Vorstellungen (z. B. orientiert an Kuhns Paradigmenansatz oder diSessas *Knowledge in Pieces;* vgl. Amin 2014) genutzt, die jeweils unterschiedliche Gestaltungen von Lernprozessen vorschlagen (z. B. den Conceptual-Change-Ansatz oder Transformations- oder Reorganisationsansätze; vgl. Amin 2014). Gemeinsam ist den Ansätzen, dass versucht wird, das subjektiv konstruierte Verstehen von Zusammenhängen zu rekonstruieren, mit dem Individuen die Welt als sinnvoll und bedeutsam erleben können. Damit kennzeichnet der Terminus der Vorstellungen solche Wissensformen, die subjektive Sinnstrukturen bezogen auf einen Referenzbereich darstellen. Dies kann sich auch auf fachdidaktische Inhalte beziehen, etwa wenn Verständnisse zum Lehren und Lernen oder zur Unterrichtsplanung rekonstruiert werden, die Einfluss auf das Lehrerhandeln haben können.

Das Verständnis, dass mit Vorstellungen auf das jeweilige sinnbezogene Verstehen fokussiert wird, führt zu einer kritischen Diskussion ihrer oben beschriebenen defizitären Wertung. Durch diese werden die hinter den fachlichen und den Erklärungen der Lernenden liegenden Evidenzen beurteilt, wobei die Sachperspektive als Norm gesetzt wird. Damit wird die Bedeutung der Vorstellungen als subjektive Sinnkonstruktionen vernachlässigt. Mit Blick auf Unterricht aus Vermittlungsperspektive sollte der Aspekt der Sinnkonstruktion in den Vordergrund gestellt werden. Damit wird betont, dass nicht einseitig die Logik der biologischen Sache die Ziele und Gestaltung des Unterrichts vorgibt, sondern sich beides sowohl an den Vorstellungen der Lernenden als auch an den wissenschaftlichen Vorstellungen orientiert. Aus dieser Perspektive sollte die Bezeichnung **Vorstellungen** nicht nur für das Kennzeichnen von defizitären *misconceptions,* Lernschwierigkeiten oder alltäglichen bzw. naiven Denkweisen genutzt werden, sondern entsprechend von alltäglichen oder wissenschaftlich angemessenen Vorstellungen (Niebert 2010) gesprochen werden. Durch eine konsequente Nutzung dieser Terminologie ist es möglich, angehenden Lehrerenden auch sprachlich zu verdeutlichen, dass sowohl alltägliche als auch wissenschaftliche Vorstellungen Sinnstrukturen darstellen. Damit wird herausgestellt, dass ein Anknüpfen an die alltägliche Vorstellungen für Lernprozesse wesentlich ist. Für die Diagnose von Schülervorstellungen ergibt sich daraus, dass nicht nur alltägliche, sondern auch bereits vorhandene wissenschaftliche Vorstellungen ermittelt werden sollten. In der Folge kann Diagnose – anders als in der Medizin – als grundsätzlicher Schritt der Planung und Gestaltung von Lernprozessen verstanden werden, der nicht nur auf das Aufdecken und Beheben von Defiziten gerichtet ist.

7.3.2 These 2: Modellierungen vereinfachen Diagnosen in der Praxis – sind aber in der Lehrerbildung kritisch als Reduktionen zu reflektieren

In diesem Abschnitt wird diskutiert, wie Diagnosen in den einzelnen Studien verstanden und umgesetzt werden. Als zentrale Gemeinsamkeiten der unterschiedlichen theoretischen Diagnoseverständnisse bezeichnen Aufschnaiter et al. (2015) die Fähigkeiten, als relevant angesehene individuelle Merkmalsausprägungen von Lernenden zu erfassen, zu deuten und daraus adressatenspezifische Fördermaßnahmen abzuleiten. Die Grundlage für Diagnosen sind – beispielsweise in der Medizin – meist modellierte Klassifizierungssysteme, in deren Kategorien situativ auftretende Phänomene eingeordnet werden. Für die Erstellung der allgemeinen Klassifizierungssysteme wird daher eine Reduzierung der Phänomene auf als relevant und spezifisch angesehene Merkmale vorgenommen.

Explizit von einer Diagnose wird nur in einer Studie (→ Helbig und Krüger) gesprochen. Entwickelt wird ein aufgabenbasiertes Instrument, mit dem diagnostiziert wird, was Lehrpersonen über Schülervorstellungen wissen und wie sie damit umgehen.

Als Material werden entweder Text- oder Videovignetten von Unterrichtssituationen genutzt. Zur Darstellung der Entwicklung von Kompetenzen wird ein Strukturmodell vorgeschlagen, das sich an dem für allgemein didaktische Fragestellungen entwickelten Modell der professionellen Wahrnehmung (Seidel und Stürmer 2014) und den von Schön (1983) benannten Reflexionsphasen orientiert. Die Kategorien dieses sechsstufigen Kompetenzmodells beziehen sich allerdings spezifisch auf den Umgang mit Schülervorstellungen. Eingeordnet werden können Elemente des darauf bezogenen Wissens und Handelns (Erkennen, Beurteilen, Generieren, Entscheiden, Reflektieren) der Lehramtsstudierenden.

Ausgehend von dem beschriebenen Modell werden im Folgenden die Potentiale und Grenzen von Klassifizierungssystemen für Diagnosen diskutiert. Dabei wird zum einen auf die Bedeutung im Rahmen der Lehrerbildung und zum anderen auf Schwierigkeiten im Kontext von Vorstellungsdiagnosen eingegangen. Das entwickelte Kompetenzmodell bietet eine Grundlage, um bestimmte Wissensfacetten und Handlungsmöglichkeiten von Lehramtsstudierenden beim Umgang mit dem spezifisch fachdidaktischen Gegenstand der Schülervorstellungen zu erforschen. Dabei werden nicht nur die einzelnen Komponenten dargestellt, sondern auch Zusammenhänge zwischen ihnen modelliert. Das Modell zielt darauf ab, den Umgang mit Schülervorstellungen diagnostizieren zu können und fokussiert dazu auf Wissensfacetten sowie das Handeln der Lehramtsstudierenden. Unter Rückgriff auf bereits vorhandene Evidenzen zur Lehrerbildung wäre zu überlegen, im Modell auch die Vorstellungen – verstanden als sinnhaftes Verstehen –, die Überzeugungen und motivationale sowie volitionale Aspekte einzubeziehen. Für Letztere wurde in verschiedenen Studien gezeigt, dass sie das Handeln von Lehrenden beeinflussen können (Blömeke et al. 2010). Orientiert am Modell kann untersucht werden, ob die benannten Aspekte Einfluss auf den Umgang mit Schülervorstellungen haben, was zu entsprechenden Ergänzungen und Veränderungen des Modells führen kann.

In der Lehrerbildung kann das Modell als Hilfsmittel für angehende Lehrende oder Lehrerbildende dienen, um entweder die eigenen oder fremde Kompetenzen einschätzen zu können. Hierbei sind die im Prozess der Modellierung getroffenen Verallgemeinerungen und damit Verkürzungen von beiden Personengruppen zu reflektieren. Eine methodische Verkürzung wird deutlich, wenn im Modell von einer **Identifizierung** von Schülervorstellungen gesprochen und dies der Stufe des Erkennens zugeordnet wird. In anderen Modellen zur Diagnose von Schülervorstellungen werden diese gedeutet (Aufschnaiter et al. 2015) oder interpretiert. Diese Formulierungen verweisen darauf, dass das Erschließen von Vorstellungen komplexe rekonstruktive Analyseprozesse erfordert, da Aussagen nicht direkt auf die Vorstellungen verweisen, sondern interpretiert werden müssen. In der Praxis ist dies zumindest unter den aktuellen Bedingungen weder in Schule noch in Hochschule zu leisten, wobei die Analysedauer neben den Analysefähigkeiten den strukturell begrenzenden Faktor darstellt. Hier können Modelle für Diagnosen helfen, bei denen die rekonstruierende Analyse durch Zuordnungen ersetzt wird. Dabei können Lehrende bestehende Sammlungen von bekannten Vorstellungen nutzen wie Kattmanns (2015) Zusammenstellung von zentralen Vorstellungen oder die

Sammlung von Hammann und Asshoff (2014), die zudem Diagnoseaufgaben umfasst. Auch digitale Hilfen zur Diagnose oder Lernunterstützung bilden ein Forschungsfeld.

Allerdings sollte eine Reflexion dieser Verkürzung im Rahmen der Lehrerbildung stattfinden, damit in der Praxis nicht ausschließlich ein regelgeleitetes Zuordnen zu den beschriebenen Klassifizierungskategorien stattfindet, sondern nicht passende Zuordnungen in Reflexionsprozessen erkannt und die eigenen Klassifikationssysteme erweitert werden können. Hierzu wären sicherlich auch Fortbildungsangebote sinnvoll. Eine Grundlage kann im Studium im Rahmen von Ansätzen wie dem forschenden Lernen oder *evidence-based teaching* gelegt werden. Letzteres zielt auf die evidenzbasierte Planung und Reflexion von schulischen und universitären Lernprozessen ab, die aktuell im Kontext des lebenslangen Lernens von Lehrenden diskutiert werden (Bauer et al. 2015). Im Kontext der Vorstellungsforschung bietet es sich an, dass Studierende Forschungsarbeiten zur Analyse von Schülervorstellungen durchführen. Hierbei lernen sie die Komplexität der methodischen Rekonstruktionen in der Forschung kennen. Dies ermöglicht es ihnen, Diagnosen in der Schulpraxis als Reduktionen und als Näherungen an Schülervorstellungen zu verstehen, bei denen auch Fehler auftreten können.

Das hier erstellte Modell kann die Grundlage für ein Hilfsmittel zur Diagnose des Umgangs mit Schülervorstellungen für die Lehrerbildung darstellen, wenn darin die Ergebnisse einer feinkörnigeren konzeptuellen Analyse der auf biologiedidaktische Gegenstände bezogenen Vorstellungen der Studierenden eingebunden werden. Hierüber kann auch die Ebene des Verstehens für den Bereich der Biologiedidaktik in die Lehrerbildung einbezogen werden.

7.3.3 These 3: Die Struktur der didaktischen Rekonstruktion ermöglicht eine wechselseitige Orientierung von Diagnose und Förderung

In diesem und dem nächsten Abschnitt wird die Fragestellung nach Zwecken und Zielen von Diagnose bzw. Analyse in der universitären Lehrerbildung thematisiert. Sie ergeben sich aus den jeweiligen Theoriebezügen, die hier das Professionalisierungs- und Lernverständnis sowie das Verständnis der relevanten Gegenstände umfassen. Grundsätzlich werden Diagnosen im Kontext von Lehr-Lern-Prozessen entweder zum Klassifizieren und Selektieren, beispielsweise nach Noten oder Eignung oder zum Fördern von Entwicklungs- und/oder Lernprozessen genutzt (Aufschnaiter et al. 2015).

Schuhmacher untersucht in seiner Studie (Tab. 7.1), wie Lehramtsstudierende im Vergleich zum Modell der didaktischen Rekonstruktion (Duit et al. 2012) Unterricht planen. Während in diesem Modell die Vorstellungen von Schülern und Wissenschaftlern gegenübergestellt werden und dies die Grundlage für Lernangebote bildet, zeigt Schuhmacher an einem Fallbeispiel, dass Studierende stattdessen Vorwissen und detailreiche Fakten vergleichen. Mit Blick auf die Unterrichtsplanung sprechen sie primär Defizite des Schülerwissens an. Entsprechend stehen bei der Planung von Lernangeboten nicht die Schülervorstellungen in Form von Konzepten bzw. einem Konzeptwechsel im Fokus der Studierenden. Schuhmacher leitet daraus als ein zentrales Ziel für Lehrerbildung ab, Schülervorstellungen und wissenschaftliche Vorstellungen als gleichberechtigte Perspektiven im Sinn des Modells der didaktischen Rekonstruktion anzusehen. Als mögliche Interventionen für die Lehrerbildung wird vorgeschlagen (→ Schuhmacher), bestehende Lernangebote zu bewerten, was als **didaktische Dekonstruktion** bezeichnet wird. Für die universitäre, fachwissenschaftliche Vermittlung wird eine stärkere Orientierung an zentralen Konzepten empfohlen.

Im Modell der didaktischen Rekonstruktion wird Diagnose immer mit Förderung zusammen gedacht. Diese Verbindung liegt auch den vier vorgestellten Projekten zugrunde. Aus Perspektive der Vorstellungsforschung meint Förderung in erster Linie die Entwicklung von Lernarrangements, die geeignet scheinen, um dem Individuum ein fachbezogenes Verstehen zu ermöglichen. Das Modell der didaktischen Rekonstruktion (Duit et al. 2012) bietet eine Struktur, die drei Teilaufgaben beschreibt und miteinander verbindet: Die **Diagnose der Lernpotentiale,** beispielsweise der wesentlichen Konzepte der Schüler, und die **fachliche Klärung,** in der die fachlich geklärten Kernkonzepte erarbeitet werden, bilden die Grundlage für die **didaktische Strukturierung,** in der unter anderem der Lerngegenstand und/oder Lernangebote entwickelt werden. Mit dieser Struktur können verschiedene Ziele verfolgt werden, die stets alle drei Teilaufgaben einbeziehen: Für die Lehrerbildung insbesondere relevant sind die Planung von Lernangeboten oder ihre Reflexion, wobei die Ergebnisse der didaktischen Strukturierung den Ausgangspunkt bilden und aus Schülersicht und fachlich geklärter Perspektive untersucht werden. Damit kann am Modell der didaktischen Rekonstruktion gezeigt werden, dass Diagnose und Förderung nicht in einem linearen, sondern in einem wechselseitigen Verhältnis stehen, das um die fachdidaktische Konstruktion der Fachperspektive ergänzt wird. Für die hochschuldidaktische Lehrerbildung bietet das Modell eine analog nutzbare Struktur, um das fachliche und fachdidaktische Lernen von den Studierenden ausgehend zu planen, zu erforschen und zu reflektieren. Damit kann die didaktische Rekonstruktion als Struktur verstanden werden, an der sich Planungs- und Forschungsprozesse orientieren können, die aus Vermittlungsperspektive kritisch auf den Gegenstand und fördernd auf den Lernenden blicken. Dieser spezifisch fachdidaktische Blick erlaubt den Entwurf wechselseitiger Interaktionen für Lehr-Lern-Prozesse.

Nicht zuletzt erlaubt die Anwendung des Modells der didaktischen Rekonstruktion in Forschung und Unterrichtsplanung eine für die Studierenden erkennbare Verbindung dieser beiden Domänen, die an Forschungsarbeiten im Rahmen des *evidence-based teaching* anschließen kann. Schuhmacher verweist noch auf einen weiteren Aspekt, der es unterstützen kann, die Ergebnisse der Vorstellungsforschung in der Schule zu nutzen: die Darstellung von Vorstellungen in Form von Konzepten. Diese Form wird in diversen Studien genutzt (Gropengießer 2006; Niebert 2010). Würde diese Struktur der Konzepte durchgehend sowohl in Forschungs- als auch in Lehrerbildungskontexten verwendet, so ließen sich Ergebnisse beider Prozesse leichter kommunizieren und wechselseitige Transferprozesse einfacher gestalten.

7.3.4 These 4: Diagnosen erschließen personenbezogene, soziale und strukturelle Bedingungen, die ein Verstehen und eine Unterstützung von Lernprozessen in Schule und Hochschule ermöglichen

In der Lehrerbildung werden verschiedene Ansätze genutzt und diskutiert, die bestimmte Haltungen, Fähigkeiten oder Verhaltensweisen von Lehrenden als Hinweise für Professionalität werten. Diese führen zu verschiedenen Zielen von Lehrerbildung und Forschung, unterschiedlichen forschungsmethodischen Ansätzen sowie anderen Verständnissen von Lehren und Lernen. So verweisen die in den vier Studien gewählten Professionalisierungsmodelle (Tab. 7.1) auf das jeweilige Verständnis, das die Forschenden und/oder Dozenten vom Lehrberuf haben. Breit diskutiert werden aktuell insbesondere drei Ansätze: der strukturtheoretische, der kompetenztheoretische und der – hier nicht weiter thematisierte – berufsbiografische Ansatz (vgl. z. B. Cramer 2019).

Für ihre Studie nutzen Steinwachs und Gresch (Tab. 7.1) einen strukturtheoretischen Rahmen und untersuchen die Unterrichtswahrnehmung von Studierenden in Bezug auf heterogene Schülervorstellungen beim Thema Evolution. Orientiert an Polanyis Konstrukt des handlungsleitenden impliziten Wissens bzw. Denkens (Polanyi 1985) konstatieren sie, dass dieses die Unterrichtswahrnehmung maßgeblich beeinflusst, weshalb es im Rahmen der Lehrerbildung zu reflektieren sei. Dazu schlagen sie die Bearbeitung von konkreten Fällen aus der Unterrichtspraxis vor, die theoriebasiert diskutiert werden, wobei für einen reflektierten Umgang mit Schülervorstellungen insbesondere die Sachantinomie (Helsper 2016) bearbeitet werden soll. Diese beschreibt, dass kodifiziertes Wissen (z. B. in Curricula) und biografisch geprägtes Wissen in einem unaufhebbaren Spannungsverhältnis stehen. Mit diesem theoretischen Rahmen für die Lehrerbildung zeigt sich Professionalität insbesondere in der Reflexivität als Bereitschaft und Fähigkeit, die als Kennzeichen des professionellen Habitus eines Lehrenden angesehen wird.

Steinwachs und Gresch (Tab. 7.1) verweisen explizit auf den ihrer Studie zugrunde liegenden strukturtheoretischen Professionalisierungsansatz. Untersucht wird mit Bezug auf Helsper (2016) die jeweilige Subjektposition der Lehramtsstudierenden in sozialen Interaktionen. Im strukturtheoretischen Ansatz werden die Komplexität und die systemisch unauflösbaren Unsicherheiten des Lehrberufs in den Mittelpunkt gestellt; der alleinige Erwerb von Regelwissen und daran orientierten Handlungen in der Lehrerbildung wird als nicht zielführend angesehen. Als professionell gilt, die Unsicherheit auszuhalten und immer wieder aufs Neue damit umzugehen (Terhart 2011). Damit zeigt sich Professionalität in einem situationsspezifisch erfolgenden theoriegeleiteten Abwägen sowie der Reflexion von Handlungen, mit dem Ziel, strukturelle und personelle Komponenten der jeweiligen Situation zu erschließen.

Im Gegensatz zu Steinwachs und Gresch (Tab. 7.1), die ihr Professionalisierungsverständnis in den Vordergrund stellen, wird dies in den anderen Studien nicht explizit benannt. Dass hier Wissen (→ Woehlecke), kognitive Fähigkeiten wie der

Perspektivwechsel (→ Schumacher) oder Kompetenzen (→ Helbig und Krüger) von Lehrenden untersucht werden, lässt annehmen, dass ein eher kompetenztheoretisches Professionalisierungsverständnis zugrunde liegt, das in den Fachdidaktiken weit verbreitet ist. Im Mittelpunkt stehen bei diesem pragmatischen Verständnis Zusammenstellungen von personellen Merkmalen oder Fähigkeiten, wie der diagnostischen Kompetenz (Südkamp und Praetorius 2017), wobei angenommen wird, dass mit höherer Kompetenzausprägung Lehr-Lern-Prozesse optimiert werden können. Für die Lehrerbildung werden operationalisierte Kompetenzmodelle entwickelt, die eine empirische Überprüfung dieser Kompetenzausprägungen ermöglichen sollen (z. B. Baumert und Kunter 2006; Blömeke et al. 2015). Das Ziel der Lehrerbildung ist entsprechend das Erlangen dieser meist kognitiven Kompetenzen, die als Leistung des Einzelnen verstanden werden. Die Professionalität von Lehrenden zeigt sich darin, dass diese die für gut befundenen standardisiert beschriebenen Handlungsweisen umsetzen. Zugrunde liegen hier häufig als regelgeleitet angesehene Ursache-Wirkungs-Verhältnisse, wobei im Gegensatz zu strukturtheoretischen Modellen davon ausgegangen wird, dass Lehr-Lern-Prozesse gelingen können. Die in diesem Ansatz grundlegenden und in Form der Standards für die Lehrerbildung meist situationsunspezifischen Kompetenzen beruhen teilweise auf theoretischen und empirischen Erkenntnissen. Letztere liegen allerdings für viele Bereiche der professionellen Fähigkeiten von Lehrpersonen (noch) nicht vor (Baumert und Kunter 2006; Selter et al. 2017; Südkamp und Praetorius 2017). Für die diagnostische Kompetenz weisen Südkamp und Praetorius (2017, S. 16) etwa darauf hin, dass ihre Bedeutung für die Qualität von Unterrichtsprozessen und die Leistungsentwicklung von Schülern zwar „theoretisch plausibel abgeleitet werden kann, empirisch jedoch kaum untersucht wurde". Damit beruhen viele Komponenten der Kompetenzmodellierungen auf theoretischen bzw. normativ gesetzten Annahmen oder angenommenen Wirkzusammenhängen. Für die Biologiedidaktik wären hier beispielsweise Untersuchungen wesentlich, inwiefern unterschiedliche diagnostische Kompetenzen zu einer verschiedenen bzw. veränderten Planungs- (und Unterrichts-)praxis und darüber zu Unterschieden im Lernen oder Verstehen der Lernenden führen. Diese bestehenden Forschungsdesiderate könnten ein Grund dafür sein, dass innerhalb der Beiträge des Round Table nur in Helbig und Krüger (Tab. 7.1) die **Kompetenzen** von Lehrpersonen **diagnostiziert** werden – in den anderen Studien werden Haltungen oder Wissen der Lehramtsstudierenden **analysiert** bzw. ihre Handlungen beobachtet und beschrieben.

Diese – sehr stark verkürzte – Gegenüberstellung der Professionalisierungsansätze wirft die Frage auf, woran sich mit Blick auf die Vorstellungsforschung eine Professionalität von Lehrenden festmachen kann. Die sehr allgemeine Forderung ist es, Schülervorstellungen zu berücksichtigen, meist in Form von Diagnose und darauf bezogener Förderung (Selter et al. 2017). Sie ergibt sich aus dem vielfachen Scheitern von schulischen (und hochschulischen) Lernprozessen – wenn das Verstehen der Lernenden analysiert wird. Auch nach mehreren Jahrzehnten intensiver fachdidaktischer

Forschung in diesem Bereich werden Schülervorstellungen im Schulalltag nur selten berücksichtigt (van Dijk 2009). Der kompetenztheoretische Ansatz ist hier nur bedingt geeignet, da sich aus Perspektive der Vorstellungsforschung trotz überaus breiter Befundlage keine regelgeleiteten standardisierten Unterrichtsmöglichkeiten formulieren lassen, die mehr oder weniger linear zu einem Lernerfolg führen. Allerdings liegen belastbare empirische Befunde aus Einzelfallstudien vor, die zeigen, dass Lernprozesse gelingen können, wenn die individuellen Schülervorstellungen berücksichtigt werden (z. B. Niebert 2010). Vorgeschlagen werden vier zentrale Vermittlungsstrategien, deren Wirksamkeit ebenfalls in Einzelfallstudien gezeigt wurde (Gropengießer und Groß 2019). Damit liegt hier eine theorie- und empiriebasierte Zielformulierung für den Lehrberuf vor, die jedoch sehr komplexe diagnostische und darauf bezogene Fördermaßnahmen erfordert, wenn sie dem Gegenstand der Vorstellungen und dem Ziel eines sinnhaften Verstehens gerecht werden will.

Für die biologiedidaktische Forschung kann eine strukturtheoretische Perspektive hier eine Perspektiverweiterung bedeuten: Im Feld des Lernens mit Vorstellungen können neben der weiteren Erforschung personeller Aspekte des Lernens von Schülern und von Lehramtsstudierenden verstärkt auch strukturelle und soziale Bedingungen der Praxis in Schulen (und Hochschulen) einbezogen werden. Betrachtet man etwa die Gestaltung der Einzelfallstudien, so zeigt sich, dass Lernprozesse, die auf Vorstellungen aufbauen, unter anderem sowohl Erfahrungsräume benötigen, als auch individuell sehr unterschiedlich ablaufen. Es zeigt sich auch, dass sie teilweise viel Zeit sowie Anwendungen in unterschiedlichen Kontexten – insbesondere bei kontraintuitiv erscheinenden wissenschaftlichen Vorstellungen (z. B. bei der Evolution oder visuellen Wahrnehmung) benötigen. Dies betrifft in hohem Maße nicht personelle, sondern strukturelle Aspekte von schulischem Lernen. Diese sind zu berücksichtigen, um ein erweitertes Verständnis der Bedingungen zu entwickeln, in denen das Lernen mit Vorstellungen in einer komplexen Unterrichtspraxis stattfindet – und wie es auch über Schulentwicklungsprozesse unterstützt werden kann. Diese Praxisperspektive erlaubt eine Erweiterung des Verständnisses von Theorie-Praxis-Verbindungen und darüber die kritische Reflexion und Reformulierung der Ziele und Anforderungen für Lehrerbildung, insbesondere der im kompetenztheoretischen Ansatz starken Fokussierung auf die Lehrperson.

Daran anschließend ist zu diskutieren, ob das Inbeziehungsetzen der struktur- und der kompetenztheoretischen Perspektive im Sinne einer Multiperspektivität auch für die universitäre Lehrerbildung gewinnbringend wäre. Ansätze hierzu werden mit leicht unterschiedlichen Akzentuierungen aktuell diskutiert (Cramer 2019). Eine multiperspektivische Betrachtung würde es erlauben, Lehr-Lern-Situationen aus verschiedenen Perspektiven und damit differenzierter beurteilen zu können. Für die Lehrenden kann diese differenziertere Sicht, die personelle und strukturelle Bedingungen von Unterricht einbezieht, zu erweiterten Handlungs- und Reflexionsmöglichkeiten führen.

7.4 Fazit

In der aktuellen (biologie-)didaktischen Forschung sind Modellierungen und Untersuchungen des diagnostischen Wissens und der Handlungen von Lehramtsstudierenden und Lehrenden ein breites Forschungsthema. Hieran wird ein bestimmtes Verständnis des Theorie-Praxis-Verhältnisses im Sinne eines Professionalisierungsprozesses deutlich, zu dem jede (Aus-)Bildungsphase in bestimmter Weise beiträgt. In diesem Beitrag wurden Diskussionsstände zusammengetragen und diskutiert, welche Potentiale und Schwierigkeiten die Diagnose von Vorstellungen für die Lehrerbildung bietet und mögliche Schlussfolgerungen für die biologiedidaktische Forschung gezogen. Dies kann Impulse für eine Fortsetzung der Diskussion setzen.

Diagnosen von Studierendenvorstellungen zu thematisieren stellt sich als eine doppelte Herausforderung dar. Dies zeigt sich darin, dass die grundlegende Bedeutung beider Termini (Diagnose und Vorstellung) sowie ihre mögliche Verbindung in Forschung sowie in schulischer und universitärer Praxis hinterfragt und vertieft diskutiert wird. Es zeigt sich auch darin, dass der Terminus **Diagnose** in nur einer der vier Studien genutzt und auf das Wissen und Handeln von Lehramtsstudierenden bezogen wurde. Umgekehrt wurden die **Vorstellungen** der Studierenden nur in einem Beitrag explizit angesprochen, wobei sie als „naiv" dem schulischen oder universitären fachlichen Wissen gegenübergestellt wurden. Es ist notwendig sowohl mit Blick auf die biologiedidaktische Forschung als auch die Lehrerbildung theoriebasiert zu explizieren, was jeweils mit dem Terminus Vorstellung gemeint ist (vgl. Amin 2014). In diesem Artikel wird das Erleben von Sinn und Verstehen als Vorstellung bezeichnet. Damit können Vorstellungen von anderen Wissensformen abgegrenzt werden. Die Formulierung als Konzepte kann den Kern solcher Sinnstrukturen in kompakter Form repräsentieren. Werden die unterschiedlichen Vorstellungsverständnisse in der Forschung so erkennbar, werden eine substantielle Diskussion über diesen Gegenstand, seine theoretische Ausschärfung und Weiterentwicklung sowie empirische Potentiale möglich.

Diagnosen im Kontext der Lehrerbildung können helfen, die subjektiven Sinnstrukturen von Lehrenden zu explizieren und ansprechen zu können. Am Beispiel der Verständnisse vom Lehren und Lernen sind bereits Zusammenhänge zwischen Vorstellungen und Handeln gezeigt worden. Hierbei wären die in Abschn. 7.3.1 diskutierten Einschränkungen durch Werturteile und Zielgruppenbezüge in der biologiedidaktischen Forschung zu reflektieren. Es erscheint aber durchaus schwierig, eine Verbindung zwischen dem komplexen Konstrukt der Vorstellungen und der komplexitätsreduzierenden und klassifizierenden Diagnose zu finden. Mit Blick auf die Schul- oder Hochschulpraxis stellen sie allerdings ein wesentliches Hilfsmittel für begründetes Lehrerhandeln dar, wenn sie gemeinsam mit der Förderung aus Vermittlungsperspektive betrachtet werden. Hierfür ist eine forschungsorientierte Lehrerbildung entscheidend, um mechanistisch verkürzte Nutzungen der Diagnosesysteme einer Reflexion zugänglich zu machen. Zur Lehrerbildung können Diagnoseprozesse und ihre Reflexion dann in doppelter Hinsicht beitragen: Sie kann neben den Dozenten auch den

Lehramtsstudierenden Zugang zu den eigenen Vorstellungen ermöglichen und damit ein Lernen am eigenen Modell erlauben und eine Basis für reflexive Prozesse schaffen. Damit stünde nicht nur das Verstehen von Biologie, sondern auch von Biologiedidaktik im Zentrum der Lehrerbildung.

Alle beim Round Table präsentierten Studien zielten auf die Förderung des Wissens und/oder Handelns der Lehramtsstudierenden ab, wobei in diesem Kontext die Berücksichtigung von Schülervorstellungen als zentraler Teil von Professionalität gekennzeichnet wurde. Allerdings bestehen auch hier immer noch deutliche Forschungsdesiderata (Selter et al. 2017; Südkamp und Praetorius 2017). So fehlen insbesondere empirische Studien, die angenommene Wirkketten kritisch prüfen und beispielsweise untersuchen, ob bestimmte Personenmerkmale für ein empfehlenswertes Lehrerhandeln und darüber für erfolgreiches Lernen relevant sind. Erst dann können empirisch begründet Ziele, Diagnosemethoden und Förderangebote für die Lehrerbildung und die Forschung in diesem Bereich entwickelt werden. Studien zum Handeln von Lehrenden, die bereits längere Zeit ihren Beruf ausüben, zeigen, dass viele die Schülervorstellungen nicht konsequent berücksichtigen (van Dijk 2009). Ihr Handeln unterscheidet sich diesbezüglich nur wenig von dem der Lehramtsstudierenden. Wird dieser Befund aus Perspektive der Expertiseforschung betrachtet, so zeigt sich, dass auch langjährig Lehrende im Bereich der Schülervorstellungen nur sehr eingeschränkt als Experten angesehen werden können. Was hier als Expertise gilt, wer als Experte anzusehen ist und wie Expertise in diesem Feld zu erlangen ist, wäre aus Forschungs- und aus Lehrerbildungsperspektive zu reflektieren. Um zu erarbeiten, was Profession des Lehrberufs für die Biologiedidaktik kennzeichnet, sollten verschiedene Professionsansätze berücksichtigt werden. Dies kann eine differenzierende Sicht auf die komplexen Interaktionen in schulischen und universitären Lehr-Lernprozessen ermöglichen und die einseitige Reduktion auf personelle Merkmale von Lehrenden erweitern.

7.5 Ausblick

Um den Anspruch zu erfüllen, dass die hochschuldidaktische Lehre auf belastbaren Evidenzen aufbaut, ergeben sich aus der Diskussion breitgefächerte Herausforderungen an die biologiedidaktische Forschung, wobei unterschiedliche Perspektiven auf Lehr-Lern-Prozesse einzunehmen sind: Zum einen gilt es, die Vorstellungen von Lehramtsstudierenden zu biologiedidaktischen Gegenständen zu erforschen. Hierbei ist auch die normative und selektive Nutzung des Vorstellungsbegriffs in der Naturwissenschaftsdidaktik zu reflektieren. Mit den aktuell laufenden Projekten zur Bedeutung von Schülervorstellungen und Unterrichtsplanung orientiert an der didaktischen Rekonstruktion werden zwei zentrale Inhalte angesprochen.

Daneben sind die in der Biologiedidaktik häufig angenommenen Ursache-Wirkungs-Zusammenhänge zu untersuchen, etwa indem die Zusammenhänge zwischen als professionell bezeichneten Wissensfacetten und Handlungen und hochschulischem beziehungsweise schulischem Lernen betrachtet werden. Bezogen auf den Kompetenzbegriff sollten hier alle Komponenten einbezogen werden (Kap. 6), also auch Motivation und Volition.

Für die Frage nach dem Professionalitätsverständnis in der biologiedidaktischen Lehrerbildung kann die Gegenüberstellung der beiden professionstheoretischen Ansätze einen Anstoß bieten, Grundannahmen und Bedingungsgefüge zu reflektieren, bisher verborgene Konstitutionen zu explizieren und darüber theoretische und forschungsmethodische Entwicklungsprozesse anzustoßen. Hierbei ist die Erweiterung der personellen um die strukturellen Bedingungen von Unterricht auch aus Perspektive der Lehrerbildung vielversprechend. Daher wären verstärkt die Handlungsformen von Lehrenden in Schulen (und Hochschulen) zu erforschen. Diese Praxisperspektive kann die theoretischen bzw. normativen Forderungen und das Verständnis der Theorie-Praxis-Verhältnisse in der Lehrerbildung erweitern.

Anmerkungen

1. Aus Gründen der leichteren Lesbarkeit wird auf die geschlechtsspezifische Unterscheidung verzichtet. Die grammatisch männliche Form wird geschlechtsneutral verwendet und meint das weibliche und männliche Ge-schlecht gleichermaßen.
2. Bedeutung Pfeil: Siehe Online Zusatzmaterial.

Literatur

Bauer J, Prenzel M, Renkl A (2015) Evidenzbasierte Praxis – im Lehrerberuf?! Einführung in den Thementeil. Unterrichtswissenschaft 43:188–192. https://doi.org/10.3262/UW1503188

Baumert J, Kunter M (2006) Stichwort: Professionelle Kompetenz von Lehrkräften. Z Erziehungswissenschaft 9:469–520

Beretz A-K, Lengnink K, Aufschnaiter C (2017) Diagnostische Kompetenz gezielt fördern – Videoeinsatz im Lehramtsstudium Mathematik und Physik. In: Selter C, Hußmann S, Hößle C, Knipping C, Lengnink K, Michaelis J (Hrsg) Diagnose und Förderung heterogener Lerngruppen. Theorien, Konzepte und Beispiele aus der MINT-Lehrerbildung. Waxmann, Münster, S 149–168

Blömeke S, Gustafsson JE, Shavelson R (2015) Beyond Dichotomies: Competence Viewed as a continuum. Z Psychol 223(1):3–13

Blömeke S, Kaiser G, Lehmann R (2010) TEDS-M 2008 – Professionelle Kompetenz und Lerngelegenheiten angehender Primarstufenlehrkräfte im internationalen Vergleich. Waxmann, Münster

Dannemann S, Meier M, Hilfert-Rüppell D, Kuhlemann B, Eghtessad A, Höner K, Hößle C, Looß M (2018) Erheben und Fördern der Diagnosekompetenz von Lehramtsstudierenden durch den Einsatz von Vignetten. In: Lindner M, Hammann M (Hrsg) Lehr- und Lernforschung in der Biologiedidaktik. Studien Verlag, Innsbruck, S 245–265

Duit R, Gropengießer H, Kattmann U, Komorek M, Parchmann I (2012) The Model of Educational Reconstruction – a Framework for Improving Teaching and Learning. In: Jorde D, Dillon J (Hrsg) Science education research and practice in Europe: retrospective and prospective. Sense Publishers, Rotterdam, S 13–37

Gropengießer H (2006) Lebenswelten, Denkwelten, Sprechwelten. Wie man Vorstellungen der Lerner verstehen kann. Oldenburg, Didaktisches Zentrum

Gropengießer H, Groß J (2019) Lernstrategien für das Verstehen biologischer Phänomene: Die Rolle der verkörperten Schemata und Metaphern in der Vermittlung. In: Groß J, Hammann M, Schmiemann P, Zabel J (Hrsg) Biologiedidaktische Forschung: Erträge für die Praxis. Springer Spektrum, Berlin, S 59–76

Hammann M, Asshoff R (2014) Schülervorstellungen im Biologieunterricht. Ursachen für Lernschwierigkeiten. Klett Kallmeyer, Seelze

Hattie J (2003) Teachers make a difference. What is the research evidence?. ACER, Camberwell

Helsper W (2016) Lehrerprofessionalität – der strukturtheoretische Ansatz. In: Rothland M (Hrsg) Beruf Lehrer/Lehrerin. Ein Studienbuch. UTB, Stuttgart, S 103–127

Kattmann U (2015) Schüler besser verstehen. Alltagsvorstellungen im Biologieunterricht. Aulis, Hallbergmoos

Niebert K (2010) Den Klimawandel verstehen. Eine didaktische Rekonstruktion der globalen Erwärmung. Didaktisches Zentrum, Oldenburg

Polanyi M (1985) Implizites Wissen. Suhrkamp, Frankfurt a. M.

Schön DA (1983) The reflective practitioner. How professionals think in action. Basic Books, New York

Seidel T, Stürmer K (2014) Modeling and measuring the structure of professional vision in preservice teachers. Am Educ Res J 51:739–771

Selter C, Hußmann S, Hößle C, Knipping C, Lengnink K, Michaelis J (Hrsg) (2017) Diagnose und Förderung heterogener Lerngruppen. Theorien, Konzepte und Beispiele aus der MINT-Lehrerbildung. Waxmann, Münster

Südkamp A, Praetorius A-K (Hrsg) (2017) Diagnostische Kompetenz von Lehrkräften. Waxmann, Münster

Terhart E (2011) Lehrerberuf und Professionalität Gewandeltes Begriffsverständnis – neue Herausforderungen. In: Helsper W, Tippelt R (Hrsg) *Pädagogische Professionalität.* Beltz, Weinheim, S 202–224 (Zeitschrift für Pädagogik, Beiheft; 57)

van Dijk E (2009) Teaching evolution. A study of teachers' pedagogical content knowledge. Didaktisches Zentrum, Oldenburg

Weiterführende Literatur

Dieser Artikel zeigt die Entwicklung verschiedener theoretischer Ansätze der Vorstellungsforschung übersichtlich auf. Herausgearbeitet werden zentrale Unterschiede und Gemeinsamkeiten sowie Implikationen für den Unterricht:

Amin TG, Smith CL, Wiser M (2014) Student conceptions and conceptual change. In: Lederman NG, Abell SK (Hrsg) Handbook of research on science education, vol 2. Routledge, New York, Oxon, S 57–77

Dieser Artikel gibt einen sehr gelungenen Überblick über die verschiedenen Ansätze zur diagnostischen Kompetenz. Es werden bestehende Potentiale, Grenzen und Desiderate aufgezeigt:

Aufschnaiter Cv, Cappell J, Dübbelde G, Ennemoser M, Mayer J, Stiensmeier-Pelster J, Sträßer R, Wolgast A (2015) Diagnostische Kompetenz: Theoretische Überlegungen zu einem zentralen Konstrukt der Lehrerbildung. Z Pädag 61(5):738–757

In diesem Artikel wird ein kritischer Überblick über die verschiedenen Professionstheorien gegeben. Davon ausgehend wird mit dem Konzept der Meta-Reflexivität ein Vorschlag für die Lehrerbildung unterbreitet:

Cramer C, Drahmann (2019) Professionalität als Meta-Reflexivität. In: Syring M, Weiß S (Hrsg) Lehrer(in) sein – Lehrer(in) werden – die Profession professionalisieren. Klinkhardt, Bad Heilbrunn, S 17–33

Dr. Sarah Dannemann ist wissenschaftliche Mitarbeiterin in der Fachdidaktik Biologie und am Zentrum für Diversitätsforschung in der Lehre (ZeDiL) an der Rheinischen Friedrich-Wilhelms Universität Bonn. Sie hat in Frankfurt am Main Biologie, Deutsch und Ethik (Lehramt an Gymnasien) studiert und ihr Referendariat absolviert. An der Freien Universität Berlin hat sie in der Didaktik der Biologie promoviert. Ihre Arbeits- und Forschungsschwerpunkte sind individuelle Vorstellungen von Schüler*innen und Studierenden, didaktische Rekonstruktion, Lehrerprofessionalisierung, Diagnose- und Planungsfähigkeiten von Lehramtsstudierenden sowie fallbasiertes Lernen.

8 Das Unterrichten mit Schülervorstellungen – Anforderungen an Lernumgebungen

Roman Asshoff

Zusammenfassung

In diesem Beitrag werden Überlegungen zur Gestaltung von Lernumgebungen unterbreitet, die eine adäquate Bezugnahme auf Schülervorstellungen ermöglichen. Die Ausführungen basieren auf den Diskussionsbeiträgen des Round Table **Vorstellung und Intervention** zu Lernumgebungen. Die Ergebnisse der Diskussion werden erweitert und systematisiert durch in der Literatur beschriebene fünf Prinzipien, die für erfolgreiches Lehren und Lernen als maßgeblich erachtet werden. Diese Prinzipien werden auf Lernumgebungen, die sich auf Schülervorstellungen beziehen, angewendet, und es wird geprüft, ob und inwiefern diese modifiziert werden müssen. Zusammenfassend wird abgeleitet, welche Konsequenzen die Berücksichtigung der Prinzipien erfolgreichen Lehrens und Lernens für Unterricht hat, der sich auf Schülervorstellungen bezieht. Über die Beschreibung von Anforderungen an Lernumgebungen hinausgehend wird abgeleitet, welche konkreten Forschungsdesiderate sich zum Unterricht mit Schülervorstellungen ergeben[1].

R. Asshoff (✉)
Zentrum für Didaktik der Biologie, Westfälische Wilhelms-Universität Münster, Münster, Deutschland
E-Mail: roman.asshoff@uni-muenster.de

B. Reinisch et al. (Hrsg.), *Biologiedidaktische Vorstellungsforschung: Zukunftsweisende Praxis,* https://doi.org/10.1007/978-3-662-61342-9_8

8.1 Einführung

In diesem Kapitel werden grundsätzliche Überlegungen angestellt, wie Lernumgebungen gestaltet sein sollten, um Schülervorstellungen oder insbesondere vorunterrichtliche Vorstellungen in das Unterrichtsgeschehen einzubeziehen. Es handelt sich um Überlegungen (und keine empirisch abgesicherten Erkenntnisse), denn es gibt zwar viele „normative" Empfehlungen zur Gestaltung von Unterricht, der sich auf Schülervorstellungen bezieht (vgl. Kattmann 2017), bislang existieren aber wenige empirische Belege aus Studien, die Vermittlungsversuche zum Gegenstand ihrer Untersuchungen machen (vgl. Schrenk et al. 2019). Insbesondere fehlen Interventionsstudien, die verschiedene Ansätze bei der Arbeit mit Schülervorstellungen bezüglich ihrer Wirksamkeit miteinander vergleichen.

Millar et al. (2006) konstatierten bereits vor 15 Jahren, dass es buchstäblich Tausende von empirischen Studien gibt, die Lehrende darüber informieren, welche Schülervorstellungen bei Lernenden häufig auftreten, indes gibt es nur sehr wenige Studien, die aufzeigen, wie der Unterricht auf die Vielzahl der beschriebenen Schülervorstellungen reagieren sollte (Millar et al. 2006, S. 60). Daran hat sich bis heute wenig geändert. Dass Schülervorstellungen im Unterricht berücksichtigt werden müssen, ist vielfach belegt, wie genau das erfolgen soll, ist meist der Intuition der Lehrenden überlassen. Millar et al. (2006, S. 75) verweisen darauf, dass während der Entwicklung von Lernumgebungen zwangsläufig eine Bewertung stattfindet, nämlich, wenn die Wahl auf ein Unterrichtsmaterial fällt und andere verworfen werden. Zu der Frage, welche Lernumgebung die vorteilhafteste ist, gibt es bislang kaum Forschungsergebnisse, allerdings existieren erfolgreich evaluierte Vermittlungsstrategien (vgl. Gropengießer und Groß 2019).

Im Rahmen des Round Table **Vorstellung und Intervention** wurde in der Diskussion zur Beantwortung der Frage „Welche Aspekte spielen bei der Planung einer Lernumgebung, die Schülervorstellungen berücksichtigt, eine Rolle?" die Bedeutung moderat konstruktivistischer Lernumgebungen herausgestellt. Einigkeit bestand darüber, dass sich der moderate Konstruktivismus als Paradigma der Lehr- und Lernforschung durchgesetzt hat. Lernende verfügen demnach über eine Vielzahl von Vorstellungen, der Lernprozess als solcher hingegen wird als selbstdeterminiert, sozial, situiert und individuell verstanden. Studien haben gezeigt, dass konstruktivistisch orientierte Lernumgebungen (wie z. B. das Anknüpfen an Schülervorstellungen) zu einem höheren Lernerfolg bei Lernenden führen als transmissive Ansätze (vgl. Widodo und Duit 2004). Eine ausführliche Darstellung der Merkmale konstruktivistischer Lernumgebung unterbleibt hier, indes wird ihre Bedeutung für den Unterricht in der folgenden Darstellung immer wieder thematisiert.

Als Grundlage der Round Table-Diskussion dienten folgende Beiträge (Tab. 1): Alltagsvorstellungen und ko-konstruktive Prozesse (→ Tinapp und Zabel[2]), Kohärenzprobleme am Beispiel des Kohlenstoffkreislaufs (→ Düsing und Hammann), Lernangebote zu den Themen Pflanzenernährung und Tierethik (→ Groß et al.), Energie als vernetzendes

Konzept (→ Hüsken und Hammann) und (Phänomene horizontal und vertikal vernetzen (→ Schneeweiß und Gropengießer).

Im Folgenden werden einzelne Punkte der Round Table-Diskussion zusammengefasst und in Teilen ergänzt. Darüber hinaus wird an die bestehende Literatur angeknüpft.

8.2 Leitfragen

In ihrem Buch *Discipline-Based Education Research* stellen Slater et al. (2010) fünf Prinzipen dar, die für erfolgreiches Lehren und Lernen maßgeblich sind und die sich in 25 Jahren Forschung als wesentlich herauskristallisiert haben. Bei der Auswahl und Begründung dieser fünf Prinzipien achten die Autoren darauf, dass die Prinzipien wiederholt und fächerübergreifend in der Forschungsliteratur beschrieben und diskutiert werden, dass sie allgemeingültig sind und nicht nur für bestimmte Subpopulation gelten und dass die Prinzipien in gewisser Weise pragmatisch, also nicht zu kompliziert in ihrer Anwendung sind. Diese Prinzipien greifen teilweise auch wieder die Bedeutung einer konstruktivistischen Lernumgebung auf. Die Leitfrage, die diesem Aufsatz zu Grunde liegt, ist, ob und wie diese fünf Punkte in Bezug auf eine Lernumgebung, die Schülervorstellungen berücksichtigt, angewendet werden können.

Im Folgenden werden die fünf Prinzipien dargestellt (Slater et al. 2010, S. 20), und zu jedem Prinzip wird eine These formuliert, die anschließend diskutiert wird:

1. „Teaching must engage and respond to students' prior knowledge (e. g. preexisting attitudes, experiences, and knowledge) and cognitive structures."

These 1 Die Ermittlung von Lernbedarfen vor dem Hintergrund von Alltagsvorstellungen ist wichtig.

2. „Learning beyond rote memory requires active engagement."

These 2 Kollaborative Arbeitsformen sind hilfreich beim Unterrichten mit Schülervorstellungen.

3. „Teachers must deliver explicit instruction with regard to the overarching concepts in a content area."

These 3 Das Unterrichten von übergeordneten Konzepten hilft, fachliche inadäquate Alltagsvorstellungen zu revidieren.

4. „Teachers must explicitly assist students in developing their metacognitive skills."

These 4 Metakognitive Ansätze sollten auch bei der Arbeit mit Schülervorstellungen genutzt werden.

5. „Formative assessments have the power to transform classrooms."
These 5 Formatives Assessment kann zur eigenständigen Auseinandersetzung mit Alltagsvorstellungen genutzt werden.

8.3 Diskurs

8.3.1 These 1: Die Ermittlung von Lernbedarfen vor dem Hintergrund von Alltagsvorstellungen ist wichtig

Eine genaue Beschreibung der Lernausgangslage ist unabdingbar, wenn ermessen werden soll, welche Lernsituation verbessert werden soll (→ Groß et al.). Der Lernbedarf ermittelt sich aus der Unterschiedlichkeit der wissenschaftlichen Vorstellung und der Schülervorstellung:

> „The learning demand characterizes the ways in which the scientific account (or more specifically the 'school science' view) of a particular natural phenomenon, differs from every day views of that phenomenon" (Millar et al. 2006, S. 64).

Die Bedeutung der Lernbedarfe fassen Millar et al. (2006) folgendermaßen zusammen:

> „The concept of learning demand therefore provides a bridge between findings of empirical research on students reasoning, and the design of teaching intervention" (S. 65).

Aus der Ermittlung des Lernbedarfs ergeben sich vielfältige und keine deterministischen Lernwege. Ein theoretischer Rahmen für die Beschreibung didaktischer Leitlinien, welcher gleichermaßen die Konzeption von Lernwegen thematisiert, ist der der didaktischen Rekonstruktion. Die Lernangebote ergeben sich aus der spezielleren Beziehung zwischen den Schülervorstellungen und den jeweiligen fachlich geklärten Vorstellungen. Kattmann (2015) nennt in diesem Kontext Beziehungen, die ein erfolgreiches Lernangebot charakterisieren können, zum Beispiel die **Anknüpfung** (in der Schülervorstellung ist ein fachlich richtiger Aspekt enthalten, an den man anknüpfen kann) oder den **Perspektivwechsel** als metakognitiven Prozess (Kattmann 2015, S. 20 f.).

Lernbedarfe können sehr unterschiedlich ausfallen. Millar et al. (2006) beschreiben zum Beispiel, dass die konzeptuellen Werkzeuge Lehrender und Lernender unterschiedlich sein können. Dies zeigt sich beispielhaft, wenn Lernende in Bezug auf die Erklärung einer Angepasstheit einer Art nicht zwischen einer Zweckgerichtetheit und einer Zweckmäßigkeit differenzieren (vgl. Hammann und Asshoff 2014), eben weil ihnen bestimmte konzeptuelle Werkzeuge zur Unterscheidung fehlen. Auch lassen sich Unterschiede im *epistemological framing* festmachen: Der Begriff **Energie** ist in der Wissenschaft generalisierbar. Im Alltagsverständnis werden mit dem Wort unterschiedliche Bedeutungen in unterschiedlichen Kontexten assoziiert (vgl. Millar et al. 2006, S. 64). Chi (1992) spricht ferner von ontologischen Unterschieden, die das Lernen erschweren (Energie wird als etwas Stoffliches verstanden; → Hüsken und Hammann). Im Kontext von Stoffkreisläufen lässt sich diese unklare Ontologie zum Beispiel darin zeigen, dass Lernende in der Atmosphäre keine Stoffe vermuten, die für Kreisläufe oder chemische Prozesse wichtig sind. Gase seien nicht materiell und Gase stellen somit eine unterschiedliche ontologische Kategorie dar, zum Beispiel im Vergleich zur Biomasse. Der Lernbedarf kann sich also auch darin äußern, ein adäquates Kategorienverständnis zu schaffen (vgl. Millar et al. 2006). Dies lässt sich am Beispiel des Themas Pflanzenernährung aufgreifen. Der Lernbedarf äußert sich darin, Lernenden aufzuzeigen, dass Pflanzen und Menschen Kohlenhydrate, Fette, Proteine, Wasser und Mineralstoffe zum Leben benötigen, aber unterschiedlich „an diese Stoffe kommen" (Messig und Groß 2018). Es handelt sich in diesem Beispiel demnach auch um unterschiedliche Ontologien (heterotroph und autotroph). Im Kontext des Kohlenstoffkreislaufs besteht der Lernbedarf demnach darin, Lernenden das Wissen zu vermitteln, Kohlenstoff über unterschiedliche Organisationsebenen zu verfolgen (vgl. Kap. 4). Dies gelingt aber nur, wenn den Lernenden verdeutlicht wird, dass nicht nur CO_2 eine kohlenstoffhaltige Verbindung ist (Düsing et al. 2019a, b).

Die Lernbedarfe zu einer Thematik können sehr divers sein, zum Beispiel wurden Lernbedarfe in den folgenden Bereichen beschrieben: Stoffumwandlung (insbesondere die Bedeutung der Zellatmung und der Fotosynthese), Energieerhalt, der Kreislaufgedanke, die Rolle von CO_2 beim Pflanzenwachstum (Düsing et al. 2019a, b).

Es ist eine Frage der Vermittlung, ob diese diagnostizierten Schülervorstellungen im Unterrichtssetting einzeln abgehandelt werden müssen beziehungsweise wie mit der Vielzahl von Schülervorstellungen umzugehen ist (Abschn. 8.3.3). Indes stellt sich die Frage, ob eine Lehrperson mit Hilfe der Beschreibung der Lernbedarfe auch differenzieren kann, welches wichtige oder welches weniger wichtige Schülervorstellung sind. So wäre es denkbar, dass eine Schülervorstellung, die sich klar als ontologische Verwechslung oder als „verkörperte" Vorstellung (mit den dazu gehörigen Metaphern und Schemata) beschreiben lässt, den wesentlichen Lernbedarf darstellt. Mit Sicherheit lässt sich dies aber nicht sagen.

Die Frage, welche Alltagsvorstellungen die zentralen Vorstellungen in Bezug auf den Unterricht sind, ist aber nicht geklärt. Auf der einen Seite gibt es tief verankerte Vorstellungen (vgl. Hammann und Asshoff 2014), zum Beispiel, dass Pflanzen zum Biomasseaufbau organische Verbindungen aus dem Boden aufnehmen. Diese Vorstellung findet man sogar noch bei Studierenden. Auf der anderen Seite gibt es gut untersuchte Vorstellungen, zum Beispiel zur Nahrungsaufnahme und Verdauung (Hammann und Asshoff 2014, S. 266 ff.), die vorwiegend bei jüngeren Schülern zu finden sind und später nicht mehr. Möglicherweise gibt es Alltagsvorstellungen, die eine explizite Ansprache brauchen, um modifiziert zu werden, andere Vorstellungen nähern sich im Verlauf der Schulzeit ohne explizite Ansprache der fachlich richtigen Sichtweise an.

8.3.2 These 2: Kollaborative Arbeitsformen sind hilfreich beim Unterrichten mit Schülervorstellungen

Slater et al. (2010, S. 23) beschreiben, wie eine Lernumgebung strukturiert sein muss, um die Aneignung trägen Wissens möglichst zu vermeiden. Mit Verweis auf Sekundärquellen geben sie sieben Aspekte guter Praxis an:

> „Good practice …
> … encourages student-instructor contact,
> … encourages cooperation among students,
> … encourages active learning,
> … gives prompt feedback,
> … emphasizes time on task,
> … communicates high expectations,
> … respects diverse talents and ways of learning" (Slater et al., S. 23).

Im Rahmen der Round Table-Diskussion wurde insbesondere auf die soziale Komponente *(cooperation)* der Lernumgebung eingegangen. Bei einem Ansatz stand die heterogene Zusammensetzung von Schülergruppen in Bezug auf die spezifischen Schülervorstellungen zum Thema „Ursachen von Infektionskrankheiten" im Vordergrund (→ Tinapp und Zabel). Dabei lag der Fokus auf der Methode des kollaborativen Argumentierens. Es konnte so gezeigt werden, dass Gruppen mit Lernenden, die heterogene Alltagsvorstellungen besitzen, eine Ko-Konstruktion fördern und Schüler zu fachlich angemesseneren Vorstellungen gelangen können. Dieser Ansatz ist aus verschiedenen Gründen interessant. Zum einen beinhaltet er Prinzipien guter Praxis in Bezug auf Kooperation, Heterogenität und Kommunikation, zum anderen wird nicht im Hinblick auf alle Schülervorstellungen ein spezifisches Unterrichtsmaterial entworfen (was in der Schulpraxis kaum zu bewerkstelligen wäre!). Gruppen mit heterogenen Schülervorstellungen „helfen" möglicherweise dem Dilemma des Lehrenden entgegenzuwirken, nicht alle Schülervorstellungen einzeln bearbeiten zu können.

8.3.3 These 3: Das Unterrichten von übergeordneten Konzepten hilft, fachlich inadäquate Alltagsvorstellungen zu revidieren

Übergeordnete Konzepte sind vielfältig beschrieben worden und haben das Ziel, die Inhalte der Biologie großflächig abzudecken. Hierzu gehören u. a. Schlüsselkonzepte, Erschließungsfelder, Basiskonzepte oder die „acht großen Ideen der Biologie" (vgl. Gropengießer et al. 2016). Im Framework der *K-12 Education* (USA) wird von *crosscutting concepts* gesprochen, die in Teilen unseren Basiskonzepten entsprechen (z. B. Muster, Ursache und Wirkung: Mechanismen und Erklärungen; Maßstab, Größenverhältnisse und Quantität, System und Systemmodelle; Stoff und Energie: Flüsse, Kreisläufe und Erhalt), und *disciplinary core ideas* (z. B. chemische und physikalische Grundlagen des Lebens). Ein weiteres übergeordnetes Prinzip wären zum Beispiel die Organisationsebenen biologischer Systeme (vgl. Hammann 2019, Kap. 4; Schneeweiß und Gropengießer 2019). Die Lernenden sollen angehalten werden, Fakten auf diese Konzepte zu beziehen – dies verstehen Slater et al. (2010, S. 25) unter expliziter Instruktion.

Evaluationsstudien, die Schülervorstellungen berücksichtigen, können unterschiedliche Fokusse aufweisen. Zum einen können sie gezielt eine Schülervorstellung aufgreifen (z. B. Vorstellungen zur Pflanzenernährung oder Zellteilung) und hierauf basierend ein Lernangebot entwickeln, zum anderen können sie stärker auf eine übergeordnete Konzeption fokussieren und die Struktur des fachlichen Inhalts in die Planung einbeziehen (→ Schneeweiß und Gropengießer). So zeigte sich in empirischen Studien, dass die Schülervorstellungen auch durch die Fokussierung übergreifender Konzepte verändert werden können. Gemeinsam besitzen beide Ansätze das Ziel, dass sich Alltagsvorstellungen hin zu fachlichen Konzepten entwickeln sollen.

Mit Hilfe der Theorie des erfahrungsbasierten Verstehens kann die Genese verkörperter Schemata durch Erfahrung erklärt und gleichsam das Verstehen mit der Metapherntheorie beleuchtet werden (vgl. Kap. 2). Die lebensweltlich geprägten, verkörperten Vorstellungen werden gezielt herausgearbeitet und hierauf basierend Lernangebote entwickelt. Bislang wurden vier zentrale Vermittlungsstrategien dargestellt: **Schema beibehalten und erfahrungsgemäß modifizieren, Schema vorlegen und reflektieren, Schema erweitern** und **Schema verwerfen,** zu denen sowohl Vermittlungsstrategien als auch Wirksamkeitsnachweise vorliegen (vgl. Gropengießer und Groß 2019). Dieses tiefgreifende Verstehen der Genese von Schülervorstellungen ist insbesondere aus Sicht der Forschung relevant, da die Vorgehensweise theoriebildend ist. Auch wenn basierend auf diesen Studien effektive Vermittlungsstrategien entwickelt werden, ist anzunehmen, dass Lehrpersonen in erster Linie an den Unterrichtsstrategien und nicht an der Forschung dazu interessiert sind. Andere Ansätze setzen nicht die einzelne Schülervorstellung als solche in den Fokus, sondern basieren auf eher breiteren Ansätzen (z. B. Jördens et al. 2016; Asshoff et al. 2020). So geht die Studie von Jördens et al. (2016) von einem fachlichen Lernangebot aus mit dem Ziel, Lernenden zu vermitteln, Organisationebenen in ihren Erklärungen besser zu differenzieren und zu vernetzten (vertikale Kohärenz, Kap. 4). Zusätzlich gab es Evidenz, dass auch Schülervorstellungen der Lernenden (hier teleologisch geprägte Schülervorstellungen) durch die Intervention abnahmen (Hammann und Jördens, mündliche Mitteilung). In diesem Fall wurden also erfolgreich Vorstellungen von Lernenden hin zu einer fachlich angemessenen Vorstellung modifiziert, indem man im Unterrichtsgang eine übergeordnete Konzeption verfolgt hat. Implizit wurden hierdurch auch Schülervorstellungen bearbeitet. Ähnliches gelang in einer Evaluationsstudie von Asshoff et al. (2020), die die Kohlenstoffflüsse in einem terrestrischen Ökosystem thematisierte. Hier wurden **Schülervorstellungen** (oder Wissenselemente) erhoben und die Lernenden nach ihrem Vorwissen heterogen gruppiert (vgl. → Tinapp und Zabel). Die Lernmaterialien waren aber weitestgehend nicht auf spezifische Schülervorstellungen zugeschnitten. Es zeigte sich, dass die Materialien dazu beitragen, dass Lernende im Nachtest mehr Stoffflüsse und zugrunde liegende Mechanismen wie Fotosynthese und Respiration nennen und vor allem die Organisationsebenen besser vernetzen können.

Dieser Blick, der eher von einer übergeordneten Konzeption als von der Schülervorstellung als solcher ausgeht, findet sich in unterschiedlichen Diagnoseaufgaben, zum Beispiel in der Aufgabe „Vom Minkwal zum Krabbenfresser" oder in der Aufgabe „Kojoten am Johnson Canyon" (vgl. Zusammenfassung in Hammann und Asshoff 2014, in beiden Aufgaben geht es um das Verfolgen von C-Atomen über unterschiedliche Trophiestufen). Diese zwei Aufgaben besitzen unterschiedliche Kontexte (der terrestrische und der aquatische Kohlenstoffkreislauf) und können zu unterschiedlichen Zeitpunkten des Unterrichts eingesetzt werden. Mit Hilfe dieser Aufgaben können Lernende (Denk-)Modelle zum Kohlenstoffkreislauf bilden und diese gegebenenfalls modifizieren.

Inwieweit lassen sich übergeordnete Konzepte in eine Lernumgebung, die Schülervorstellungen aufgreift, integrieren? Die Zahl der diagnostizierten Schülervorstellungen ist immens und sicherlich sind nicht alle beschriebenen Schülervorstellungen bei allen Lernenden gleichermaßen ausgeprägt (Abschn. 8.3.1). Zudem gibt es auch keine empirischen Nachweise dafür, dass es vorteilhaft ist, alle Schülervorstellungen im Unterrichtssetting zu berücksichtigen. Die Lehrperson muss letztendlich eine Balance finden zwischen einer starken Zentrierung auf einzelne (wichtige) Schülervorstellungen, die gezielt thematisiert werden, und einer stärkeren Orientierung an übergeordneten Konzepten (z. B. die Berücksichtigung von Organisationsebenen), durch die Schülervorstellungen implizit thematisiert werden können. Auch eine Kombination aus beidem ist möglich. So könnte man die vorgeschlagene Aufgabe zur Pflanzenernährung (Messig und Groß 2019; → Groß et al.) zum Beispiel in die Aufgabe „Kojoten am Johnson Canyon" integrieren und evaluieren, welchen Mehrwert dieses spezifische Lernangebot bei der Modellbildung zum Kohlenstoff-Kreislauf besitzt.

8.3.4 These 4: Metakognitive Ansätze sollten auch bei der Arbeit mit Schülervorstellungen genutzt werden

Metakognition bezeichnet die Auseinandersetzung mit den eigenen kognitiven Prozessen. Bezogen auf Schülervorstellungen besitzen Lehrende eine Reihe von Möglichkeiten metakognitive Prozesse zu initiieren, zum Beispiel das *predict observe explain*-Schema (POE), bei dem Schüler zunächst begründete Vermutungen über ein zu erklärendes Phänomen aufstellen, um dieses anschließend zu überprüfen (White und Gunstone 1992). Als einen weiteren metakognitiven Prozess benennt Kattmann (2015) den Perspektivwechsel. Der Lernende betrachtet seine Vorstellung aus dem Blickwinkel der fachlich richtigen Erklärung und kontrastiert so beide Ansätze. Mit Konzeptwechseltexten (z. B. Egbers und Marohn 2013) oder *concept cartoons* stehen weitere Möglichkeiten zur Verfügung, um Lernenden Werkzeuge an die Hand zu geben, sich mit ihren eigenen Vorstellungen zu befassen.

So lassen sich beispielsweise Schülervorstellungen und fachliche Vorstellungen nach einer Unterrichtssequenz von Lernenden vergleichen. Mit Hilfe der „Walgeschichte" (Zabel und Gropengießer 2011) lässt sich dies veranschaulichen. Lernende erarbeiten Schülervorstellungen zum evolutiven Wandel anhand eines Beispieltexts, überlegen, wie sie zu diesen Vorstellungen kommen, und kontrastieren sie mit der fachlich belastbaren Vorstellung.

Insbesondere einzelne klar umrissene Schülervorstellungen eignen sich vermutlich zur Metakognition mit Lernenden nach einer Intervention. Beispielhaft sei hier ein Modell zum Blutkreislauf von Gresch (2017) genannt: Lernende reflektieren und revidieren durch die Modellarbeit eine konkrete Schülervorstellung, nämlich dass das Blut vom Herzen direkt zu den Organen fließt und dann auf demselben Weg zurück zum Herzen. Zudem nehmen sie dabei Bezug zu den anfangs formulierten Vorstellungen/ Hypothesen (POE).

8.3.5 These 5: Formatives Assessment kann zur eigenständigen Auseinandersetzung mit Alltagsvorstellungen genutzt werden

Häufig sind die Ursachen für Schülervorstellungen unangemessene Sequenzierungen von Inhalten oder ungünstige Schwerpunktsetzungen im Unterricht. In der Chemiedidaktik spricht man von „hausgemachten Vorstellungen" (Barke 2006). Lernende bleiben bei ihrer Vorstellung, weil entsprechende förderliche Lerngelegenheiten fehlen, oder sie entwickeln im Unterricht Vorstellungen (unterrichtsbedingte Vorstellungen), die fachlich nicht belastbar sind. Dies geschieht häufig, weil ein Problembewusstsein der Lehrkräfte bei der Planung, Durchführung und Auswertung von Unterricht fehlt (Hammann und Asshoff 2014). Regelmäßiges Assessment kann so auch dem Lehrenden helfen, dieses Problembewusstsein zu schaffen.

Insbesondere das formative Assessment ist hier bedeutsam. Im Gegensatz zum summativen Assessment, welches am Ende einer Unterrichtsreihe in Form einer Benotung stattfindet, gibt die Lehrkraft im Rahmen des formativen Assessment Feedback an Lernende und hilft den Lernenden, ihr Lernverhalten zu reflektieren (Slater et al. 2010, S. 26, vgl. Cizek 2010). Welche Bedeutung gute diagnostische Aufgaben in diesen Kontext besitzen, zeigen Millar et al. (2006, S. 115):

> „Instead many used the questions to review key points with the class at the beginning or the end of a lesson, and to stimulate discussions in small groups. […] Many found the questions a valuable resource in helping them to identify key teaching points, putting these in a development sequence, and teaching them in a more interactive way"(Millar et al. 2006, S. 115 f.).

Zudem kann formatives Assessment auch zur Modellbildung eingesetzt werden (vgl. Ebert-May et al. 2003). Beginnend mit der Aufgabe „Kojoten am Johnson Canyon" können Lernende ein erstes Modell des C-Kreislaufs erarbeiten, das dann mit gezielten Assessmentaufgaben überdacht werden kann. Formatives Assessment nimmt somit auch Bezug auf Lernbedarf (vgl. These 1) und metakognitive Prozesse (vgl. These 4).

8.4 Fazit

In diesem Beitrag wurden Überlegungen zur Gestaltung von Lernumgebungen unterbreitet. Die Leitfrage, die diesem Aufsatz zugrunde liegt, war, ob und wie die oben beschriebenen fünf Prinzipien (Slater et al. 2010) auf eine Lernumgebung, die Schülervorstellungen berücksichtigt, angewendet werden können. Die Frage, ob sie berücksichtigt werden können, lässt sich eindeutig bejahen. Dies zeigte sich in den vielfältigen Beiträgen der Round Table-Diskussion. Wie genau nun aber eine Lernumgebung strukturiert sein muss, um Vorstellungen erfolgreich und langfristig zu modifizieren, lässt sich an dieser Stelle nicht pauschal sagen. Übergeordnete Prinzipien können hilfreich sein, Schülervorstellungen zu modifizieren: Kohärenzprobleme am Beispiel des Kohlenstoffkreislaufs (→ Düsing und Hammann), Energie als vernetzendes Konzept (→ Hüsken und Hammann) und Phänomene horizontal und vertikal vernetzen (→ Schneeweiß und Gropengießer). Innovative Aufgaben können als Assessment-Items und so zur Modellbildung eingesetzt werden (→ Groß et al., vgl. auch Diagnoseaufgaben in Hammann und Asshoff 2014), und heterogene Schülervorstellungen können möglicherweise erfolgreich mit der Methode des kollaborativen Argumentierens konfrontiert werden (→ Tinapp und Zabel).

Gewinnbringend wäre es zudem, bei der Planung eines Unterrichts mit Schülervorstellungen die hier genannten fünf Thesen konkret einzubeziehen.

8.5 Ausblick

Die Frage nach der Gestaltung von Lernumgebungen ist auch deshalb zentral, weil hier universitäre Fachdidaktik und Schule Wissensbestände austauschen und somit gegenseitig profitieren können. So konstatiert die GFD (2016) in einem Positionspapier, dass die fachdidaktische Forschung zwar verschiedene Beiträge zur substantiellen Verbesserung des Fachunterrichts hervorgebracht hat, diese allerdings in der schulischen Praxis nur unzureichend wahrgenommen und genutzt werden. Die fachdidaktische Forschung soll sich zunehmend dem produktiven Zusammenwirken erfahrungs- und forschungsbasierter Wissensbestände widmen. Etwas drastisch, aber wohl mit Wahrheitsgehalt, formulieren Millar und Kollegen:

> „No matter how 'research evidence-informed' a teaching activity is, if it is perceived as being dull, it is unlikely to prompt engagement of students and meaningful learning" (Millar et al. 2006, S. 75).

Insofern wäre es nicht nur aus unterrichtlicher Sicht, sondern auch aus der Forschungsperspektive wertvoll, wenn Schulen und Universitäten beim Gegenstand der Schülervorstellungen zukünftig näher zusammenrücken. In diesem Zusammenwirken ließen sich auch weiterführende Fragen beantworten. Diese orientieren sich an den fünf oben aufgestellten Thesen.

1. Gibt es *die* wesentlichen Lernbedarfe, die unbedingt thematisiert werden müssen?
2. Gewährleisten ko-konstruktive Prozesse einen adäquaten Umgang mit Heterogenität?
3. Lassen sich durch die Verwendung übergeordneter Konzepte Schülervorstellungen implizit verändern?
4. Führen metakognitive Reflexionen zu einer dauerhafteren Modifikation von Schülervorstellungen?
5. Wie sehen Lernumgebungen, die ein formatives Assessment berücksichtigen, konkret aus?

Zu diesen fünf Fragen können sowohl Lehrende als auch Forschende in Schulen und Universitäten aus unterschiedlichen Blickwinkeln wertvolles Wissen beisteuern.

Anmerkungen

1. Aus Gründen der leichteren Lesbarkeit wird auf die geschlechtsspezifische Unterscheidung verzichtet. Die grammatisch männliche Form wird geschlechtsneutral verwendet und meint das weibliche und männliche Ge-schlecht gleichermaßen.
2. Bedeutung Pfeil: Bitte siehe Online-Zusatzmaterial

Literatur

Asshoff, R, Düsing, K, Winkelmann, T, Hammann, M (2020) Considering the levels of biological organisation when teaching carbon flows in a terrestrial ecosystem. *Journal of Biological Education*, online first 1–12.

Barke H-D (2006) Chemiedidaktik – Diagnose und Korrektur von Schülervorstellungen. Springer, Heidelberg

Cizek GJ (2010) An Introductin to formative assessment: history, characteristics, and challenges. In: Andrade HL, Cizek JC (Hrsg) Handbook of formative assessment. Routlegde, New York

Düsing K, Asshoff R, Hammann M (2019a) Students' conceptions of the carbon cycle: identifying and interrelating components of the carbon cycle and tracing carbon atoms across the levels of biological organisation. Journal of Biological Education 53(1):110–125

Düsing K, Asshoff R, Hammann M (2019b) Tracing matter in the carbon cycle: zooming in on high school students' understanding of carbon compounds and their transformations. International Journal of Science Education 41(17):2484–2507
Ebert-May D, Batzli J, Lim H (2003) Disciplinary Research – Strategies for Assessment of Learning. BioScience 53:1221–1228.
Egbers M, Marohn A (2013) Konzeptwechseltexte – eine Textart zur Veränderung von Schülervorstellungen. Chemkon 20(2013):119–126. https://doi.org/10.1002/ckon.201310200
Gresch H (2017) Wie lässt sich Unterricht an Schülervorstellungen ausrichten? Entwicklung einer Modellsimulation des Blutkreislaufs. Mathematischer und naturwissenschaftlicher Unterricht 2017(1):47–53
Gropengießer H, Harms U, Kattmann U (2016) Fachdidaktik Biologie. Aulis, Hallbergmoos
Gropengießer H, Groß J (2019) Lernstrategien für das Verstehen biologischer Phänomene: Die Rolle der verkörperten Schemata und Metaphern in der Vermittlung. In: Groß J, Hammann M, Schmiemann P, Zabel J (Hrsg) Biologiedidaktische Forschung: Erträge für die Praxis. Springer Spektrum, Heidelberg, S 59–76
Hammann M, Asshoff R (2014) Schülervorstellungen im Biologieunterricht: Ursachen für Lernschwierigkeiten. Klett Kallmeyer, Seelze
Hammann M (2019) Organisationsebenen biologischer Systeme unterscheiden und vernetzen: Empirische Befunde und Empfehlungen für die Praxis. In: Groß J, Hammann M, Schmiemann P, Zabel J (Hrsg) Biologiedidaktische Forschung: Erträge für die Praxis. Springer Spektrum, Heidelberg, S 77–91
Jördens J, Asshoff R, Kullmann H, Hammann M (2016) Providing vertical coherence in explanations and promoting reasoning across levels of biological organization when teaching evolution. International Journal of Science Education 38(6):960–992
Kattmann U (Hrsg) (2017) Biologie unterrichten mit Alltagsvorstellungen. Klett Kallmeyer, Seelze
Kattmann U (2015) Schüler besser verstehen: Alltagsvorstellungen im Biologieunterricht. Aulis, Hallbergmoos
Messig D, Groß J (2018) Understanding plant nutrition – The genesis of students' conceptions and the implications for teaching photosynthesis. Educ Sci 8:132
Millar R, Leach J, Osborne J, Ratcliffe M (2006) Improving subject teaching: Lessons from research in science education. Routledge, Abingdon
Slater SJ, Slater TF, Bailey JM (2010) Discipline-Based education research. A scientist's guide. W.H. Freeman, Laramie
Schneeweiß N, Gropengießer H (2019) Organising levels of organisation for biology education: a systematic review of literature. Educ Sci 9:207
Schrenk M, Gropengießer H, Groß J, Hammann M, Weitzel H, Zabel J (2019) Schülervorstellungen im Biologieunterricht. In: Groß J, Hammann M, Schmiemann P, Zabel J (Hrsg) Biologiedidaktische Forschung: Erträge für die Praxis. Springer Spektrum, Heidelberg, S 3–20
White R, Gonstone R (1992) Probing understanding. Routlegde, Abingdon
Widodo A, Duit R (2004) Konstruktivistische Sichtweisen vom Lehren und Lernen und die Praxis des Physikunterrichts. Z Didaktik Naturwisse 10:233–255
Zabel J, Gropengießer H (2011) Darwins konzeptuelle Landkarte: Lernfortschritt im Evolutionsunterricht. In: Harms U, Mackensen-Friedrichs I (Hrsg) Lehr- und Lernforschung in der Biologiedidaktik, Bd 4. Innsbruck, S 209–224

Weiterführende Literatur

Die Studie von Kai Niebert ist zwar schon etwas älteren Datums, zeigt aber sehr schön, wie individuelle Schülervorstellungen mit übergeordneten Konzepten (Systemdenken und „tracing matter") im Unterricht modifiziert werden können:

Niebert K (2009) Der Kohlenstoffkreislauf im Klimawandel. Unterricht Biologie 349:39–40

Eine gut lesbare Zusammenfassung von Studien, die zwar schon ein wenig älter sind, aber dennoch nicht an Aktualität eingebüßt haben. Die Prinzipien des Lehrens und Lernens werden sehr gut darstellt, und es wird auf die Bedeutung von Assessment eingegangen:

National Research Council (1999): *How People Learn: Brain, Mind, Experience, and School.* Committee on Developments in the Science of Learning. Washington, DC: National Academy Press.

Diese Studie belegt anschaulich, dass Lernende bei denjenigen Lehrenden am meisten lernten, welche sowohl ein hohes Fachwissen als auch ein breites fachdidaktisches Wissen (Wissen über „misconceptions") besaßen. Sie wird hier deshalb besonders hervorgehoben, weil Lehrende vielleicht nicht immer die Zeit besitzen, die Vorstellungen ihrer Lerngruppe zu diagnostizieren. Schülervorstellungen aus der Theorie zu kennen, ist dennoch wesentlich für die Gestaltung von lernwirksamem Unterricht (z. B. auch in Bezug auf Metakognition):

Sadler PM, Sonnert G (2016) Understanding misconceptions – teaching and learning in middle school physical science. American Educator, Spring 2017:26–32

Dr. Roman Asshoff studierte Biologie und Philosophie (Lehramt an Gymnasien) in Jena, Leipzig, Basel und der Eidgenössischen Forschungsanstalt für Wald, Schnee und Landschaft (Birmensdorf). Er promovierte 2005 am Botanischen Institut der Universität Basel zu Auswirkungen steigender CO_2-Konzentrationen auf Pflanzen und Insekten. Im Anschluss absolvierte er das Referendariat in Darmstadt. Seit 2007 ist er Mitarbeiter am Zentrum für Didaktik der Biologie an der Westfälischen Wilhelms-Universität Münster. Seine Forschungsschwerpunkte beziehen sich auf Schülervorstellungen, fachgemäße Arbeitsweisen und ökologische Themen. 2014 erschien das Buch „Schülervorstellungen im Biologieunterricht: Ursachen für Lernschwierigkeiten", das von Prof. Dr. Marcus Hammann und Dr. Roman Asshoff verfasst wurde.

Schülerinnen und Schüler verstehen

9

Umgang mit Alltagsvorstellungen: Labilität und Haltung

Jürgen Langlet

Zusammenfassung

Alltagsvorstellungen bei Kindern, Jugendlichen und Erwachsenen besitzen eine hohe Resistenz gegenüber Änderungen. Das Beharren ist aus neuropsychologischer Sicht emotional vernünftig, zu labil ist die menschliche Existenz. Auf der Grundlage neuropsychologischer Erkenntnisse können Theorien zu Alltagsvorstellungen und Metaphern neu begründet werden. Daraus ergeben sich Konsequenzen für ein Umlernen, bei denen auf eine Vertrauen erzeugende Schüler-Lehrer-Beziehung fokussiert wird, verantwortet durch Lehrpersonen mit einer bezüglich des Lernens neugierigen und forschenden Haltung.

9.1 Einführung

„Was man nicht versteht, besitzt man nicht." (J. W. Goethe)

Die Fons Sapientiae (Abb. 9.1) im flämischen Leuven, geprägt durch eine fast 600 Jahre alte Universität mit ca. 50.000 Studierenden, symbolisiert durch das fließende Wasser (oder Bier?), wie Weisheit in den Kopf gelangt – und das Buch Glück verspricht.

Die Auffassungen des Befüllens (Nürnberger Trichter) wie auch die Übertragung von Wissen (kognitivistische Lernauffassung) sind – auch und besonders – in der Biologiedidaktik abgelöst worden durch die konstruktivistische Sichtweise: Umlernen als Neukonstruktion. Dabei ist Verstehen (Langlet 2005a) – auch im Sinne von zur

J. Langlet (✉)
Berlin, Deutschland
E-Mail: juergen.langlet@t-online.de

B. Reinisch et al. (Hrsg.), *Biologiedidaktische Vorstellungsforschung: Zukunftsweisende Praxis,* https://doi.org/10.1007/978-3-662-61342-9_9

Verfügung haben oder besitzen – konstitutiv als „eine aktive, lebensgeschichtlich geprägte und selbststätige Erfindung von Sinn und Bedeutung, die zur Erzeugung eigener ‚viabler' Wirklichkeiten führt" (Drieschner 2006, S. 155). Alltagsvorstellungen sind viable Wirklichkeiten, sie bewähren sich alltäglich – aber häufig nicht im Biologie-Unterricht. Stehen diese in Kontrast zu fachlichen Vorstellungen, wird vorausgesetzt, Lernende seien unzufrieden mit ihrer Sicht der Welt bzw. würden die Grenzen ihrer „Erklärungen" erfassen.

9.2 Leitfragen

Aber warum sollten Schüler[1] unzufrieden sein? Ist nicht vielmehr zu erwarten, dass sie emotionalen Widerstand gegenüber fachlichen Vorstellungen aufbauen aus Angst, ihr stabiles Weltbild zu verlieren? Da Lernen im sozialen Umfeld stattfindet: Welche Rolle spielen die Mitschüler und vor allem die Lehrperson in diesem Spannungsfeld?

9.3 Diskurs

9.3.1 These 1: Fragil ist die menschliche Existenz aus neurobiologischen und psychologischen Gründen

1. Das Ich und die Identität sind Epiphänomene (Begleiterscheinungen), jedenfalls gemäß der neurobiologischen Prämisse, dass alle Hirnvorgänge neurobiologischer Art sind. Die Konstruktion des embryonalen und kindlichen Gehirns wie auch die lebenslange Plastizität desselben geschehen in ständiger Interaktion mit der Umwelt. Die Umwelt, vor allem Eltern und weitere Familienmitglieder, behandeln Kinder von Beginn an als autonome Agenten. Dadurch erfahren sie sich als: Ich bin ich, ich kann auch anders. Die Herausbildung der Passung zwischen dem subjektiven Inneren und dem familiären, gesellschaftlichen Äußeren wird Identität genannt. Sie ist ein dauernder Dialog mit den Mitmenschen. Ab dem 4. Lebensjahr ist die Ich-Bildung vollzogen, parallel zur Ausreifung des präfrontalen Cortex. Mit dem episodischen Gedächtnis existiert Vergangenheit, die in die Gegenwart wirkt: Ich bin, woran ich mich erinnere. Selbstreflexion, Selbstbeschreibung sowie Bewertung von eigenen Aktionen und Emotionen sind möglich, weil Gefühle und Handlungen als selbst wahrgenommen werden. Das Kind entwickelt eine *Theory of Mind,* d. h. die Fähigkeit, sich in andere ähnliche Gedanken wie in ihm selbst hineinzuversetzen. Die Perspektive der anderen einnehmen zu können ist die Voraussetzung sozialen Verhaltens. Soziale Kontakte werden in und unmittelbar nach der Phase des Gehirnumbaus (Pubertät) dominierend bedeutsam, man spricht von einer Identitätsdiffusion. Zeitlebens stellt die Wahrung von Identität und Ich ein Balanceakt dar, der psychischen Einsatz erfordert. Identität und Ich bleiben zudem äußerst labil, wie belastende psychische Erfahrungen und Drogen jedweder Art zeigen (Langlet 2005c).

Abb. 9.1 Fons Sapientiae

2. Das wissenschaftliche (und damit noch viel mehr das laienhafte) Verständnis des Bewusstseins hat aufgrund der Komplexität neurobiologischer Zusammenhänge seine Grenzen längst überschritten. 80 bis 100 Mrd. Nervenzellen sind im Durchschnitt mit 10.000 anderen Neuronen verbunden, was eine ungeheure große Anzahl an Verknüpfungen ergibt. Riesige raum-zeitliche Muster von miteinander agierenden Nervenzellen beruhen im Einzelnen zwar auf linearen Wenn-dann-Beziehungen und folgen aus dem unmittelbar vorausgehenden Zustand, der daraus entstehende Bewusstseinszustand ist aber nicht vorhersagbar. Man spricht von nichtlinearen Zuständen.
3. Das Gehirn ist ein Interpretationsorgan (Langlet 2019). Wir halten den von uns wahrnehmbaren, kleinen Mesokosmos für die Welt. Wir suchen nach der Wahrheit, auch wenn wir eigentlich wissen, dass es diese nicht geben kann. Wir verallgemeinern und finden Regeln, ohne uns deren Universalität zu vergewissern. Wir unterliegen Illusionen und beharren ggf. sogar auf ihnen. Dies zeigen simple, aber frappierende optische Täuschungen.

Obwohl wir uns durch Messen vergewissern, dass die Pfeile in Abb. 9.2 gleich lang sind, zwingen uns neurobiologische Prozesse gegen unser Bewusstsein und unseren Willen dazu, die Pfeile als unterschiedlich lang wahrzunehmen. Man kommt nicht umhin, das Gehirn (nicht nur) in diesem Fall als Akteur zu sehen (Langlet 2005b). Das menschliche Gehirn ist nicht in erster Linie ein Erkenntnisorgan; vielmehr ist es als Überlebensorgan so konstruiert, ein stabiles Weltbild erfahrungsgeprägt und überlebensgezielt herzustellen bzw. zu erhalten. Stabile Welten bieten uns Sicherheit, so dass wir uns zurechtfinden. Allerdings bleiben Umwelten nicht stabil. Selbst wir sind voller Widersprüche. Ein Leben ohne Widersprüche ist illusionär – nicht zuletzt auch in moralischer Hinsicht: Ein guter Mensch zu sein, erfüllt das psychologische Grundbedürfnis nach persönlicher Identität (Stanley und De Brigard 2019). Wir erleben täglich Unvereinbarkeiten zwischen Meinungen und Gedanken im Inneren wie auch im Verhältnis zum Äußeren. Derartige Dissonanzen lösen ein „triebartiges Unbehagen" aus, so die Dissonanztheorie von Festinger (1957), das dazu führt, die Widersprüche und die damit zusammenhängende Spannung zu beseitigen. Täglich lenken wir uns von solchen Dissonanzen ab, unter anderem indem wir sie verdrängen oder indem wir sie umwandeln. Wir sind Meister im Re-Interpretieren wie auch im Rechtfertigen (Haidt 2001) mit dem vorrangigen Ziel, uns selbst zu überzeugen, so dass wir selbstgewiss auftreten können. Das

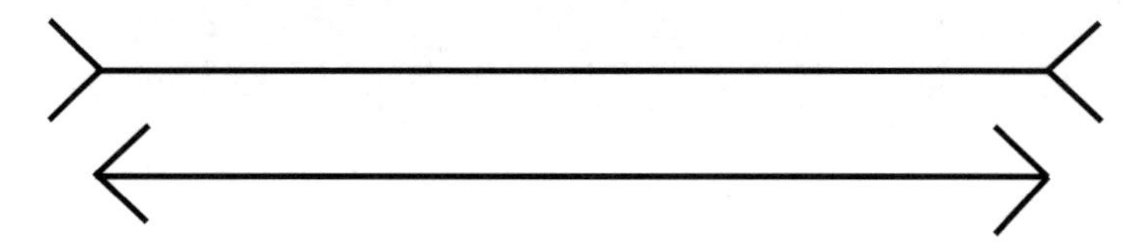

Abb. 9.2 Optische Täuschung

Auflösen von Dissonanzen fällt uns umso schwerer, je (emotional) berührender die Dissonanzen sind und je mehr diese Konsonanz zu anderen Gedanken aufweisen. Denn durch eine potentielle Änderung könnten viele neue Dissonanzen entstehen. Wichtig ist auch: Dissonanzreduktion findet nicht rational statt, zum Beispiel durch die Verarbeitung von neuen Informationen, sondern ausschließlich emotional zwecks Verminderung des dissonanzbedingten Spannungszustands. Entsprechend der These des radikalen Konstruktivismus, nach der gegenseitiges Verstehen die Ausnahme ist, kann man postulieren: Die Änderung von Vorstellungen ist die Ausnahme! Die unterrichtliche Empirie zu Alltagsvorstellungen bestätigt diese These:

> Die Hoffnung, die alltäglichen Vorstellungen auszumerzen und sie durch die richtigen wissenschaftlichen Vorstellungen ersetzen zu können, ist also – das zeigen alle Erfahrungen – völlig unrealistisch. Zudem würde damit das Subjekt seiner alltagsprachlichen Erfahrungen und Vorstellungen beraubt. Das wäre verbunden mit einem Verlust an subjektiver Sicherheit und an subjektiven Sinnzusammenhängen und macht die emotionalen Widerstände bei didaktisch verordneten Konzeptwechselstrategien bzw. die Hartnäckigkeit der Alltagsvorstellungen verständlich. (Gebhard 2013, S. 202)

Dies ähnelt kulturell geprägten Vorurteilen, die jeglicher Rationalität unzugänglich sind (vgl. Antisemitismus, Fremdenfeindlichkeit): „Man kann die Welt nicht ohne Vorurteile verstehen, und wir verstehen sie immer aus dem Blickwinkel unserer Gegenwart" (Heller, Die Zeit 20/2019).

Unsere innere Konsistenz ist also höchst labil. Dabei ist es erstaunlich, dass Stabilität in diesem zwar selbstreferentiellen, aber umweltabhängigen System gelingt. Es herrscht dauernder und existentiell notwendiger Zwang zur Identität. Diesen nenne ich Identitismus, der den labilen Seilakt der Konsistenz beinhaltet. Die den Menschen auszeichnende, evolutiv zu begründende enorme Plastizität und Sozialität müssen deswegen ein hohes Maß an feststehenden Ritualen als Grundlage haben. Zu diesen gehören Routinen und Vorstellungen alltäglicher Art wie auch Beurteilungen und Bewertungen unserer Umwelt. Da wir Umwelt körperlich erfahren, ist es unmittelbar einsichtig, dass Alltagsvorstellungen ebenfalls verkörpert sind (Theorie des erfahrungsbasierten Verstehens; Gropengießer 2007; Kap. 2). Und da jede Wahrnehmung wie auch Erfahrung emotional bewertet werden, überrascht es nicht, dass auch die daraus gebildeten Interpretationen (Alltagsvorstellungen) emotional konnotiert werden (symbolisierende Alltagsphantasien; Gebhard 2007). Jede Erfahrung wie auch jede Interpretation muss in unser Weltbild passen, das sich in Form von Metaphern artikuliert. Diese ständige Weltvergewisserung sucht nach Sinn: „Sinn ist laufendes Aktualisieren von Möglichkeiten" durch Selektion (Luhmann 1984).

Dieser hier dargestellte Ansatz verknüpft konsistent aktuelle neurobiologische Hypothesen mit der psychologischen Dissonanztheorie von Festinger (1957) und liefert damit Grundlagen für Theorien zu Alltagsvorstellungen und Alltagsphantasien sowie zu Prinzipien menschlichen Denkens in Form von Metaphern.

9.3.2 These 2: Umlernen bedarf einer vertrauensvollen Lernumgebung – vor allem einer sich für das individuelle Lernen interessierenden Lehrperson mit einer forschenden Haltung!

Der Mensch ist par excellence ein soziales Wesen. Die von Kleinkind an gesuchten und ausgebildeten Subjekt-Subjekt-Beziehungen liefern die soziale Resonanz mit Bezugspersonen und auf diese Weise Identität und Integrität des Menschen (u. a. Bindungstheorie von Bowlby 1958). Stabile, konsonante soziale Beziehungen mit voraussagbarem vertrauensvollem Verhalten der Mitmenschen sind existentiell für die innere Konsistenz. Diese bilden die Conditio sine qua non für die Freiheit, sich zu öffnen, sich selbst wie auch seine Vorstellungen und Weltbilder in Frage zu stellen und zu kritisieren – sogar diese eventuell zu ändern. Die genannten Voraussetzungen gelten natürlich auch für das soziale und kommunikative Geschehen im Unterricht. Die minimale Bedingung von Kommunikation ist gegenseitiger Respekt sowie wechselseitige Wertschätzung.

Der vielfach zitierte Beitrag „Unterrichten und Lernumgebungen gestalten“ (Reinmann und Mandl 2006) wird folgendermaßen zusammengefasst: „[…] sind Lernumgebungen so zu gestalten, dass aktiv-konstruktive, situative, selbstgesteuerte und soziale Prozesse des Lernens angeregt und gefördert werden, ohne dass man dabei auf instruktionale Unterrichtsanteile wie Anleiten, Darbieten und Erklären verzichtet“ (S. 656). Kommunikative Prozesse wie auch respektierende und wertschätzende Haltung der Kommunikationspartner sind als hintergründig zu interpretieren, direkt angesprochen werden sie nicht.

Für Hattie und Yates (2015) stellen Lehrpersonen das entscheidende Element von Lernprozessen dar. Sie sind verantwortlich für *visible learning*. Die Beziehung zwischen Lehrpersonen und Lernenden trägt maßgeblich zum Lernen mit überragender Effektstärke ($d=0.72$) bei. Im Gegensatz dazu beziehen sich die Empfehlungen für Lehrpersonen in deutschen erziehungswissenschaftlichen und didaktischen Publikationen (vgl. Reinmann und Mandl 2006) auf Lehrstrategien und Methoden: Aktive, selbstgesteuerte, konstruktive, emotionale, situative, soziale Prozesse des Lernens werden favorisiert.

In einer qualitativen Interviewstudie vor achtzehn Jahren wurden durchweg sehr erfahrene und engagierte Lehrpersonen verschiedener Altersstufen zu ihrer Sicht des Lernens befragt (Langlet unver.). Tatsächlich waren sie kaum in der Lage, über das Lernen zu sprechen, denn aus ihrer Sicht ist „Lernen eine heikle Angelegenheit“. Vielmehr sprachen sie differenziert über das Lehren, über komplizierte Klassensituationen, über ihren Medieneinsatz oder über das Tafelbild. Insgesamt ist festzuhalten, dass Lehrpersonen Unterricht aus ihrer Sicht (der Wissensvermittlung) sehen, nicht aus dem Blickwinkel der Lernenden. Dieser Perspektivenwechsel ist schwierig, da individuelle Lernvoraussetzungen, Interessen, Lernfortschritte sowie Lernergebnisse sich nicht unmittelbar erschließen lassen – vor allem nicht bei Klassengrößen von dreißig und mehr Schülern.

In der allgemein pädagogischen Ausbildung der zweiten Phase ist Sportunterricht paradigmatisch. Dort sieht man sofort, welche körperlichen, motorischen, motivationalen und volitionalen Voraussetzungen ein Schüler mit in die Sportstunde bringt.

Sogleich drängen sich innere Differenzierung, individuelles wie auch gegenseitiges soziales Lernen auf. Jedoch nur, wenn die Lehrpersonen im Fach Sport einen solchen Blick aufs Individuum einnehmen, Interesse an den ihnen anvertrauten Schülern zeigen, diesen Wert schätzend begegnen, Begeisterung für die Unterrichtsinhalte ausstrahlen und auf diese Weise eine lernanregende und vertrauensvolle Unterrichtsatmosphäre schaffen. „Lernende schätzen Fairness, menschliche Größe und persönlichen Respekt" bei Lehrpersonen (Hattie und Yates 2015, S. 25) und sie haben „ein feines Gespür für das emotionale Klima der Lehrer-Schüler-Beziehung" (S. 27). Nicht zuletzt wollen „Schülerinnen und Schüler [...] durch einen verantwortungsbewussten Erwachsenen unterrichtet werden" (S. 29). Wenn dieser seine Rolle als Regisseur, Coach und Vorbild an- und einnimmt, ragen die Effektstärken ($d = 0.74$–0.76) für erfolgversprechendes Lernen bezüglich den Aspekten „Lautes Denken", „Klarheit der Lehrperson", „Reziprokes Lehren" sowie „Feedback" deutlich heraus (S. 71). Aufgrund ihrer Metaanalyse verweisen Hattie und Yates (2015) das populäre entdeckende Lernen in den Bereich des Mythos: „Die Idee, dass sicheres Wissen automatisch aus der persönlichen Entdeckung hervorgeht, ist irrig und unrichtig" (S. 75).

Es kommt also auf das kompetente Vorbild an, das die Fähigkeit zur zwischenmenschlichen Führung besitzt und ausstrahlt. Lernende überprüfen unbewusst die Vertrauenswürdigkeit der Person und fällen ein Urteil nach dem Muster: „Dieser Person kannst Du vertrauen, die teuren Investitionen des Gehirns in Lernen und Gedächtnis werden sich lohnen" (Gerhard Roth mdl.). Im Umgang mit Alltagsvorstellungen möchte ich diese Haltung erweitern. Die Lehrperson sollte Interesse am Lernen und an den Lernprozessen jedes einzelnen Schülers haben. Sie sollte neugierig sein und Freude an einer forschenden Grundhaltung haben, das individuelle Lernen jedes Gehirns zu verstehen und fördernd zu beeinflussen (Roth 2011). Dies gilt auch für das Fach Biologie. Damit ist selbstverständlich die Abwertung der Alltagsvorstellungen der Lernenden ausgeschlossen, wie es in den Begriffen Fehlkonzepte oder *misconceptions* zum Ausdruck kommt. Auch wenn sie aus fachlicher Sicht unangemessen und wenig belastbar sind. Nicht selten eröffnen fachwissenschaftlich fragwürdige Sichtweisen einen faszinierend neuen Zugang zu Fachkonzepten. So verallgemeinert eine Schülerin im Selektions-/Evolutionsunterricht einer 7. Klasse den zweifelhaften Begriff des Außenseiters: „Sind wir nicht alle Außenseiter!?" (Langlet, eigener Unterricht) und führt damit die Allgegenwärtigkeit der Variabilität ein. Eine dem Denken der Lernenden neugierig gegenüberstehende Lehrperson wird an deren Alltagsvorstellungen anknüpfen, sie als andere Blickwinkel und Brücken zu fachlichen Konzepten und zum Perspektivenwechsel nutzen (Eisner et al. 2019). Allerdings braucht diese Haltung eben auch die Klarheit der Lehrperson: „Ohne richtungsweisende Informationen und ein unmittelbares korrigierendes Feedback werden die Lernenden auf das zurückgreifen, was durch das Vorwissen schnell aktiviert werden kann“ (Hattie und Yates 2015, S. 76). Nicht persönlich abwertende Korrekturen werden dankbar von den Lernenden akzeptiert. Dieser Verantwortung müssen Lehrende gerecht werden.

9.4 Fazit

Unterrichten ist in erster Linie ein Geschehen zwischen Personen. Diese balancieren (neurobiologisch und psychologisch betrachtet) ihre Existenz auf einem Seil zwischen Labilität und Konsistenz. Konsistenz wird primär durch Vermeiden von Dissonanzen und dem Beharren auf Illusionen wie auch auf Alltagsvorstellungen erreicht und erhalten. Dies gilt für Schüler wie auch für Lehrpersonen. Letztere sollten also zusätzlich zu ihrer grundlegenden fachlichen, didaktischen und methodischen auch eine persönliche Souveränität (Fairness, menschliche Größe, Respekt) weiterentwickeln. Sie sollten Vorbild bezüglich Neugier und forschender Grundhaltung sein und den von den Umlernern erwarteten Perspektivenwechsel, die fachliche Mehrsprachigkeit sowie die metakognitive Reflexion vorleben.

9.5 Ausblick

Da es auf die Persönlichkeit und die Haltung der Lehrpersonen entscheidend ankommt, wäre es sinnvoll, wenn sich biologiedidaktische Forschung diesen determinierenden Variablen gelingenden Umlernens widmet. Dies kann zum Beispiel durch die Analyse von unterrichtlichen Beobachtungen wie Videoaufnahmen geschehen. Es gilt zu klären, wie sprachliche und nonverbale Interaktionen zwischen Lernenden und Lehrenden im Kontext des Umlernens verlaufen.

Anmerkungen

1. Aus Gründen der leichteren Lesbarkeit wird auf die geschlechtsspezifische Unterscheidung verzichtet. Die grammatisch männliche Form wird geschlechtsneutral verwendet und meint das weibliche und männliche Geschlecht gleichermaßen.

Literatur

Bowlby J (1958) The nature of the child’s tie to his mother. Int J Psycho-Anal XXXIX:1–23

Drieschner P (2006) Theoriekonzepte und didaktische Konzeptualisierungen des Verstehens im modernen Konstruktivismus. In: Gaus D, Uhle H (Hrsg) Wie verstehen Pädagogen? Begriffe und Methoden des Verstehens in der Erziehungswissenschaften. VS Verlag, Wiesbaden

Eisner B, Kattmann U, Kremer M, Langlet J, Plappert D, Ralle B (2019) Gemeinsamer Referenzrahmen für Naturwissenschaften (GeRRN). Mindeststandards für die auf Naturwissenschaften bezogene Bildung. Ein Vorschlag, 3. überarbeitete Aufl. Klaus Seeberger, Neuss

Festinger L (1957) A theory of cognitive dissonance. Stanford University Press, Stanford

Gebhard U (2007) Intuitive Vorstellen bei Denk- und Lernprozessen: Der Ansatz „Alltagsphantasien". In: Krüger D, Vogt H (Hrsg) Theorien in der biologiedidaktischen Forschung. Springer, Berlin

Gebhard U (2013) Schülerinnen und Schüler. In: Gropengießer H, Harms U, Kattmann U (Hrsg) Fachdidaktik Biologie. Aulis, Hallbergmoos, S 198–211

Gropengießer H (2007) Theorie des erfahrungsbasierten Verstehens. In: Krüger D, Vogt H (Hrsg) Theorien in der biologiedidaktischen Forschung. Springer, Berlin

Haidt J (2001) The emotional dog and its rational tail. Psychol Rev 108(4):814–834

Hattie J, Yates GCR (2015) Lernen sichtbar machen aus psychologischer Perspektive. Überarbeitete deutschsprachige Ausgabe von: Visible Learning and the Science of How We Learn, besorgt von W. Beywl und K. Zierer. Schneider, Hohengehren

Heller Á (2019) Glück. Was ist das, Ágnes Heller? https://www.zeit.de/2019/20/agnes-heller-philosophin-ungarn-geburtstag

Langlet J (2005a) „Biologie muss man verstehen." Zum wissenschaftstheoretischen und bildenden Gehalt der Biologie. MNU 55(8):481–485

Langlet J (2005b) Der freie Wille: eine Illusion. Ethik Unterr 2/05:22–29

Langlet J (2005c) Vernunft & Wille. Unterr Biol 303:2–11

Langlet J (2019) Naturwissenschaftliche Erkenntnis. Erklären – Verstehen – Beurteilen. Neue Wege in die Biologie. Friedrich, Hannover

Luhmann N (1984) Soziale Systeme. Grundriss einer allgemeinen Theorie. Suhrkamp, Frankfurt a. M.

Reinmann G, Mandl H (2006) Unterrichten und Lernumgebungen gestalten. In: Krapp A, Weidenmann B (Hrsg) Pädagogische Psychologie. Beltz, Weinheim, S 157

Roth G (2011) Bildung braucht Persönlichkeit. Wie Lernen gelingt. Klett-Cotta, Stuttgart

Stanley ML, De Brigard F (2019) Moral memories and the belief in the good self. Current Dir Psychol Sci 28:387–391

Weiterführende Literatur

Die neurobiologischen Grundlagen beruhen auf sehr empfehlenswerten öffentlichen Vorträgen von Wolf Singer und Gerhard Roth (vgl. YouTube), wie auch:

Fink (2003) Aus Sicht des Gehirns. Suhrkamp, Frankfurt a. M.

Jähncke L (2016) Ist das Gehirn vernünftig? Erkenntnisse eines Neuropsychologen. Hogrefe, Göttingen

Roth G (2001) Neurobiologische Grundlagen des Bewusstsein. In: Pauen M, Roth G (Hrsg) Neurowissenschaften und Philosophie. Fink, München

Jürgen Langlet hat Biologie, Chemie und Philosophie studiert (Lehramt an Gymnasien). Er war Lehrer an Gymnasien in Bremervörde, Genua (Deutsche Schule) und Lüneburg (Herderschule). Nach einer Zeit als Fachleiter für Biologie am Studienseminar Lüneburg arbeitete er als Schulinspektor des Landes Niedersachsen. Es schlossen sich Schulleiterstellen am Johanneum Lüneburg und an der Internationalen Deutschen Schule Brüssel an. Aktuell ist er Fachkoordinator Biologie S II am IQB Berlin. Er war Fachvertreter Biologie im Bundesvorstand des Verbandes Biologie, Biowissenschaften und Biomedizin in Deutschland e. V. (VBIO) und des Deutschen Vereins zur Förderung des mathematischen und naturwissenschaftlichen Unterrichts (MNU) sowie sechs Jahre Bundesvorsitzender des MNU.

Vorstellungsforschung: Denn wissen wir eigentlich, was wir tun?

10

Dirk Krüger

Zusammenfassung

In diesem abschließenden Beitrag werden die Diskussionsbeiträge zur Vorstellungsforschung aufgegriffen und Anregungen zur Auseinandersetzung mit den Begriffen Vorstellung und Kompetenz gegeben. Es wird kritisch darüber reflektiert, wie mit Intervention und Diagnose aktuell in der Vorstellungsforschung umgegangen wird. Schließlich weist der Beitrag auf Desiderate einer Vorstellungsforschung, um sowohl in eine vertiefte theoretische Arbeit zu investieren als auch empirische Forschungsaktivitäten im Bereich Intervention und Diagnose anzustoßen.[1]

10.1 Einführung

Die vielen Anregungen, Impulse und auf der Tagung geführten Diskussionen zur Vorstellungsforschung, die auch in den vorgehenden Kapiteln deutlich werden, werden hier aufgegriffen, und darauf aufbauend wird eine theoretische Debatte angeregt, deren Ergebnis als Kurzform lauten kann: Erst Theorie ermöglicht Diagnose für Intervention. Diese thematische Reihenfolge gliedert auch diesen Beitrag.

Das Erfassen von Vorstellungen zu naturwissenschaftlichen Themen hat in der naturwissenschaftsdidaktischen Forschung eine lange Tradition, bei der zunächst Fehlvorstellungen *(misconceptions)* von Lernenden erhoben wurden. In der historischen

D. Krüger (✉)
Fachbereich Biologie, Chemie, Pharmazie, Freie Universität Berlin, Berlin, Deutschland
E-Mail: dirk.krueger@fu-berlin.de

B. Reinisch et al. (Hrsg.), *Biologiedidaktische Vorstellungsforschung: Zukunftsweisende Praxis,* https://doi.org/10.1007/978-3-662-61342-9_10

Betrachtung fällt auf, dass Vorstellungen als falsche Konzepte über fachliche Zusammenhänge angesehen wurden und ihnen das aktuell richtige fachliche Wissen gegenübergestellt wurde. Heute steht der Terminus Fehlvorstellungen, der leider immer noch verwendet wird, in der Kritik, weil er negativ bezeichnet, womit Menschen sich die Welt plausibel erklären und damit in ihr gut zurechtkommen (Kap. 2). Dabei war es der Vorstellungsforschung zuträglich, sich von dieser defizitorientierten theoretischen Ausrichtung (vgl. Conceptual-Change-Theorie; Posner et al. 1982) stärker hin zu einem wirkungsbezogenen theoretischen Rahmen mit Angeboten gelingender Vermittlung zu entwickeln (Kattmann 2007). Dabei bieten sich die Termini Alltagsvorstellungen, lebensweltliche oder fachlich nicht belastbare Vorstellungen *(alternative conceptions)* an und lassen sich gegen fachlich belastbare Vorstellungen abgrenzen (Wandersee et al. 1994).

Trotz der langen Forschungstradition zu Vorstellungen wird ein theoretisches Defizit deutlich, dass nämlich die Begriffe Vorstellung und Wissen nur sehr vage gegeneinander abgegrenzt werden. Neu hinzu kommt der Begriff Kompetenz, was die Abgrenzung zum Forschungsobjekt Vorstellung noch komplexer macht (Kap. 6). Nicht schon genug, dass diese begriffliche Vielfalt bereits verwirrend ist, darüber hinaus wird eine Diagnose problematisch, die ohne erkennbare Unterschiede mit einer Methode Vorstellungen und gleichzeitig fachliches Wissen erhebt (Kap. 7). Liegt dann der Unterschied zwischen Vorstellung und Wissen nur im fachlichen Aktualitätsbezug, also unterschiedlichen Wissensständen über die Zeit?

Ferner stellt sich bei der qualitativen Ausrichtung der Vorstellungsforschung die Frage, wie etwas diagnostiziert werden kann, was als Konstrukt so unscharf definiert ist. Auch ist fragwürdig, weshalb die verwandten Konstrukte Wissen und Kompetenzen oft mit geschlossenen Aufgabenformaten überwiegend quantitativ erhoben werden. Schließlich ist zu klären, wie es gelingen kann, ohne ausreichende theoretische Abgrenzung und geeignete diagnostische Instrumente in Lehr-Lern-Situationen sinnvoll zu intervenieren. Dabei sind eine große Anzahl sich häufig wiederholender Vorstellungen von Lernenden beschrieben (Hammann und Asshoff 2014; Kattmann 2015), ohne dass eine evidenzbasierte und empirisch fundierte Intervention trotz dieser Kenntnis gewährleistet werden kann (Kap. 8). Es gibt allerdings eine theoretisch basierte empirische Anstrengung, dieses Defizit abzuarbeiten, bei der beispielsweise eine an der Jo-Jo-Strategie (Knippels 2002) orientierte Interventionsmaßnahme vorgeschlagen wird, der über eine intensive Berücksichtigung von Organisationsebenen Vernetzungsmöglichkeiten und damit vertiefte biologische Verständniserzeugung zugesprochen wird (Kap. 4).

Die aufgezählten Problemfelder verdeutlichen, dass die fachdidaktische Forschung einiges nachzuarbeiten hat. Es ist in diesem Zusammenhang interessant, dass sich keine fachdidaktische Arbeitsgruppe um eine Ausschärfung der Begriffe bemüht. Es gibt stattdessen einen neuen theoretischen Vorschlag, Vorstellungsdaten über entwicklungspsychologische, kognitionspsychologische oder linguistische Perspektiven hinaus aus einer wissenschaftssoziologischen Perspektive zu interpretieren (Kap. 5).

Diese theoretische Schwerpunktsetzung ist insofern interessant, als sich zeigen muss, inwieweit sie einen Beitrag zur Ausschärfung des Untersuchungsobjekts Vorstellung liefern kann (Kap. 3).

10.2 (V)erklärte Begriffe: Vorstellung, Wissen und Kompetenz

Es folgt der Versuch einer Klärung der gegeneinander abzugrenzenden Begriffe: Vorstellungen sind als mentales Erleben subjektive gedankliche Prozesse. Dieses mentale Erleben wird begleitet von einem Muster neuronaler Aktivität, das autonom angeregt werden kann. Vorstellungen benötigen als selbstgesteuerte Konstruktionen Zeit, um gebildet zu werden, sie sind dann nur für kurze Zeit vorübergehend denkbar und flüchtig. Vorstellungen können weder aufgenommen noch weitergegeben werden (Kap. 2). Zudem sind Vorstellungen unterschiedlich manifest: Eine Vorstellung wird während der persönlichen, die Vorstellung stiftenden Erfahrungssituation entwickelt, also während der Beobachtung der Situation oder während des Denkens an die Situation, was wiederum durch sehr unterschiedliche Impulse ausgelöst werden kann (Kap. 2). Ferner wird eine Hierarchie unterschiedlich komplexer Vorstellungen entwickelt, die vom Begriff über Konzept, Denkfigur, (subjektiven) Theorie, Wissenschaftsphilosophie und Erkenntnistheorie bis zum Weltbild reicht (Gropengießer und Marohn 2018).

Ohne hier in eine zu komplexe philosophisch-erkenntnistheoretische Debatte einzutreten und zu klären, was Wissen ontologisch betrachtet ist (vgl. Baumann 2006), sollte eine fachdidaktische Klärung der Begriffe Vorstellung und Wissen für Vermittlungsversuche vorgenommen werden. Dies, obwohl eine Differenzierung der beiden Begriffe zwar eine philosophisch reizvolle Auseinandersetzung anstößt, jedoch für eine fachdidaktische, lernpsychologische Debatte für wenig relevant gehalten wird, eben weil eine Unterscheidung der Begriffe empirisch ohne Bedeutung bleibt (Southerland et al. 2001, S. 336). Dem sei hier widersprochen und die These aufgestellt: Ohne theoretische Klärung ist eine Diagnose eines Konstruktes nicht möglich. So wäre unter empirischer Perspektive zu klären, ob objektiv zu beurteilendes, explizierbares Wissen oder subjektive, implizite Vorstellungen erfasst werden sollen. Interessant dabei ist, dass der Vorstellungsbegriff nach wie vor häufig für fachbezogenes Denken, das als defizitär angesehen wird, genutzt wird. Für die Bezeichnung von fachlich angemessenem Denken oder dem Denken über fachdidaktische Inhalte werden oft andere Termini genutzt, die den Begriff Vorstellung vermeiden (Kap. 7).

In der pädagogischen Psychologie werden verschiedene Wissensformen definiert, darunter theoretisch-formales bzw. deklaratives („Wissen, dass"), prozedurales („Wissen, wie") oder metakognitives Wissen („Wissen über Wissen"). In dem Versuch, diese Definitionen mit Vorstellung zu kontrastieren, wird deutlich, dass die für Vorstellung genannten Charakteristika auch auf Wissen zutreffen. Demnach sind Wissen und Vorstellungen mentale Erlebnisse, werden konstruiert und sind dabei neuronale Aktivitäten – zeitlich begrenzt und flüchtig (Kap. 2).

Ein Unterschied zwischen Wissen und Vorstellung wird darin gesehen, dass Vorstellungen keinem Wahrheitsanspruch unterliegen, nicht auf Einvernehmen beruhen und eine Person von ihnen stark, aber auch weniger stark überzeugt sein kann (Southerland et al. 2001, S. 334). Vorstellungen werden als individuelles erklärungswirksames Verständnis über die Natur angesehen, die keiner objektiven Überprüfung bedürfen, weil sie intuitiv und vertraut sind, nicht hinterfragt werden und von daher auch nicht geteilt werden müssen. Vorstellungen, auch nur von einer Person, können sich widersprechen (vgl. Überzeugungen bei Wischmeier 2012) und sind, wenn sie vor allem früh erfahrungsbasiert entwickelt wurden, kaum revidierbar und überdauern trotz des Lernens und der Entwicklung weiterer kontextgebundener Vorstellungen lebenslang (Gropengießer und Marohn 2018).

Demgegenüber wird bei Wissen von Gewissheit und der Richtigkeit der Annahme ausgegangen, ohne dass dies objektiv erfüllt sein muss, wobei es prinzipiell einen Konsens über *das* Wissen gibt (Wischmeier 2012). Wissen kann kontraintuitiv und deshalb schwierig zu verstehen sein. Wissen wird allerdings unter wissenschaftlichen Kriterien überprüfbar, also ob es widerspruchsfrei, objektiv, replizierbar und validierbar ist. Hält Wissen einer solchen Überprüfung nicht stand, lässt es sich ändern, was leichter fallen kann, als eine Vorstellung zu ändern.

Es bedarf eines fachdidaktisch zu leistenden Abgrenzungsversuches, eine bestimmte Form einer geäußerten Vorstellung als Wissen zu bezeichnen. Möglicherweise hilft es, von Wissen zu sprechen, wenn systematisch und regelhaft auf gedankliche Strukturen zurückgegriffen wird und dabei vom Individuum bewusst und willentlich überprüfbare Erklärungsansätze angeboten werden. Dies passt zu einer wissenschaftsphilosophischen Position: „Wissenschaftliches Wissen unterscheidet sich von anderen Wissensarten, besonders dem Alltagswissen, primär durch seinen höheren Grad an Systematizität" (Hoyningen-Huenes 2011, S. 558). Dann wäre Wissen die geäußerte, aktuelle, einer Überprüfung zugängliche Position zu einem Tatbestand, was hier nicht als fachlich angemessene Vorstellung zu verstehen ist. Dabei wird eine weitere Schwierigkeit hinzukommen: Es ist kaum möglich, das vorhandene fachliche Wissen zu formulieren, ohne es gleichzeitig mit den überdauernden lebensweltlichen Vorstellungen zu durchsetzen. Dies wird deutlich, wenn man von Fachwissenschaftlern geschriebene Lehrbuchtexte analysiert, denn darin lassen sich wiederholt metaphorische, von Alltagsvorstellungen geprägte Sachinformationen finden (Gropengießer 2007).

Grundsätzlich wäre es lohnenswert, theoretische Arbeit in eine trennscharfe Abgrenzung der in Philosophie, Psychologie und Fachdidaktik genutzten Begriffe Wissen und Vorstellung zu investieren. Nicht leichter wird diese Abgrenzung, nimmt man den nun seit bald zwanzig Jahren in der Fachdidaktik forschungsrelevant gewordenen Begriff Kompetenz hinzu. Dabei lassen sich Charakteristika von Vorstellungen mit denen von Kompetenzen vergleichend erörtern (Kap. 6): Latenz als subjektive Disposition, Erlernbarkeit, die zu Veränderung führt, Kontextgebundenheit als Auslöser für Unterschiede, Komplexität (Integration von motivationalen, volitionalen und sozialen Bereitschaften und Fähigkeiten), unscharfe Extensionalität (Umfang nicht exakt bestimmbar) und ihre Funktionalität (intern als subjektive Viabilität vs. externe Problemlösefähigkeit). Gemeinsam ist, dass Vorstellungen wie auch Kompetenzen nur interpretativ erschlossen werden können. Vorstellungen als Forschungsgegenstand werden aus sprachlichen Äußerungen zu einem bestimmten Sachverhalt erschlossen (Kap. 2), Kompetenzen aus einer sichtbaren Performanz bei der Problemlösung (Kap. 6), wobei beiderseits nominale bis ordinale Kategorienbildungen stattfinden.

Eine Unterscheidung ist, dass der Vorstellungsbegriff – lässt man Gebhards (2007) Alltagsphantasien außen vor – weitgehend kognitiv verstanden wird (Kattmann 2007). Dies hilft bei der Abgrenzung zu Kompetenzen, die zwar unter psychometrischer Erfassung gleichermaßen nur als kognitive Leistungsdispositionen (Klieme et al. 2007) verstanden werden, jedoch im handelnden Nachweis von Performanz motivationale, volitionale und soziale Bereitschaften erforderlich machen. Hier bietet die Trennung der Begriffe Vorstellung und Kompetenz eine gute Unterscheidungsmöglichkeit: Während die Definition der Kompetenz eine Problemlösung immanent erforderlich macht, für die Motivation und Volition notwendig und soziale Kooperation nützlich sind, braucht das kognitive Konstrukt Vorstellung, dass sich meist nur sprachlich oder anderweitig symbolisch ausdrückt, zwar eine Intention, sich zu äußern, aber eben keine Problemlösung im eigentlichen Sinne. Dies ändert sich auch dann nicht, wenn die Gesprächsanlässe zur Vorstellungserhebung meist in problemhaltigen Szenarien motiviert werden. Hier schaffen sie Gesprächsanlässe, um die Vorstellungswelt zu validieren, die Lösung der Probleme oder die Erklärungsmächtigkeit der Vorstellung für die konkrete Problemlösung stehen meist nicht im Fokus der Untersuchung.

10.3 Noch mehr Theorie vorstellen

In der Vorstellungsforschung sind mit Hilfe entwicklungspsychologischer, kognitionspsychologischer, konstruktivistischer, linguistischer und soziokultureller Theorien unterschiedliche Erklärungsansätze zur Genese der Vorstellungen und die daraus abgeleiteten Schlussfolgerungen zum Umgang mit ihnen im Unterricht entwickelt worden (Gropengießer und Marohn 2018). Neben der eher kognitiv orientierten Vorstellungsforschung im Rahmen der Forschungen mit dem Modell der didaktischen Rekonstruktion (Kattmann 2007) wurde mit dem Konzept der Alltagsphantasien zu biologischen Themen (Gebhard 2007) auch die affektive und assoziative Seite des Verstehens bei Lernenden erhoben. Mit einer wissenssoziologischen Perspektive, die über diesen kulturpsychologischen Ansatz hinausgeht, wird versucht, die unterrichtlichen Interaktionen und die kollektive Konstruktion von Wissen theoretisch und methodologisch zu fassen. Im Unterricht verbleiben geäußerte Schülervorstellungen und intervenierendes Lehrerhandeln oft auf einer impliziten Ebene. Mit einer Fokussierung auf die gemeinsame Bedeutungskonstruktion in sozialen Interaktionen werden explizite und implizite Wissensbestände in Vermittlungsabsicht unterschieden und getrennt voneinander analysiert (Kap. 5).

Eine bedeutende und ohne Zweifel herausragende Leistung der Vorstellungsforschung ist es, die Alltagsvorstellungen von Lernenden zu den meisten Themen des Biologieunterrichts im großen Rahmen erfasst und analysiert zu haben. Dabei wurden besondere Hürden bei der Entwicklung eines Verständnisses biologischer Phänomene entdeckt und daran anknüpfend Vorschläge entwickelt, das jeweilige Thema wirkungsvoller zu unterrichten (Kap. 3). Die klassischen theoretischen Rahmenbedingungen der Vorstellungsforschung haben hier nachweislich nützliche Ergebnisse geliefert (Hammann und Asshoff 2014; Kattmann 2015). Vorstellungsforschung, das zeigt die Beteiligung verschiedener Arbeitsgruppen an dieser Tagung, ist ein lebendiger Forschungszweig. Zudem hat die Vorstellungsforschung sehr wahrscheinlich dazu beigetragen, die Unterrichtspraxis durch Bewusstseinswandel hin zu mehr Schülerorientierung und damit Lehrstile und Haltungen im Unterricht im Sinne konstruktivistisch ausgerichteter Lernarrangements zu verändern (Kap. 3). Dabei mag es verwundern, dass Lehrpersonen häufig über ähnliche Vorstellungen wie ihre Lernenden verfügen. Dies stellt eine kostbare Ressource für die Vermittlung dar: Lehrpersonen wird es leichtfallen, sich in die Vorstellungen der Lernenden zu denken (Kap. 2). Das steht auch nicht im Widerspruch dazu, dass Lehrpersonen fachliches Wissen vermitteln sollen: Eine Lehrperson versteht die Vorstellung der Lernenden, aus dem Fenster zu schauen, und kann die fachlich belastbare Vorstellung vermitteln, dass Licht durch das Fenster ins Auge fällt.

Neu hinzugekommen ist die Output- und Kompetenzorientierung in der schulischen Bildung: Fachspezifische Lernfortschritte sollen mess- und vergleichbar werden. Verstehen, so die Befürchtung einer lernpsychologisch und testtheoretischen Ausdifferenzierung des Schulwesens, könnte bei den aktuellen Curricula mit ihren formulierten Standards in den Hintergrund rücken (Kap. 3), gerade wenn mit Skepsis verfolgt wird, ob die empirischen Erhebungen mehr als Wissen erfassen. Allerdings fordert Kompetenzorientierung einerseits mehr als nur kognitive Aktivität und ferner kommt der Kompetenzbegriff ohne Wissen und Vorstellungen nicht aus (Kap. 6), was dann ein Zusammenarbeiten der bisherigen fachdidaktischen Arbeitsgruppen, nämlich Protagonisten der klassischen Vorstellungsforschung und probabilistischen Kompetenzforschung (Kap. 3), gar nicht abwegig erscheinen lässt. Um bei den unterschiedlichen Methoden und Theorien dieser beiden Teilgebiete zu prüfen, ob aus dem bisherigen Nebeneinander sinnvolle Synergien aus einer Kooperation erwachsen können, muss ein Austausch stattfinden, in dem die verschiedenen Expertisen sich ergänzen und gemeinsame Forschungsprojekte initiiert werden können.

10.4 Lehren, wenn sich Lernende etwas vorstellen

Es ist nochmals festzuhalten, dass zwar viele Vorstellungen bekannt sind, die uns in Vermittlungssituationen begegnen (Hammann und Asshoff 2014; Kattmann 2015), jedoch auf der anderen Seite wenig gesicherte empirische Daten über erfolgreiche Vermittlungsversuche auf der Basis konstruktivistisch orientierter Lernumgebungen existieren, bei denen das Anknüpfen an Schülervorstellungen zu einem höheren Lernerfolg bei Lernenden führen soll als transmissive Ansätze (Kap. 8). Es bleibt bis heute schwierig, Lernvorgänge im Klassenraum mit Hilfe der Vorstellungsforschung zuverlässig zu planen und vorherzusagen. Dies verwundert wenig, wenn man sich das Modell der didaktischen Rekonstruktion (Kattmann 2007) betrachtet, in dem die didaktische Strukturierung als kreativer Prozess viele Spielräume lässt, die Erkenntnisse aus der fachlichen Klärung und den Lernstandserhebungen zu entwickeln.

Als fachdidaktisches Credo gelten folgende konstruktivistischen Thesen für erfolgversprechende Vermittlungen:

1. Lehre mit der Kenntnis der Vorstellungswelt der Lernenden,
2. aktiviere die Lernenden, denn Lernen ist Arbeit,
3. sorge für sozialen Austausch zwischen Schülern und mit der Lehrperson und
4. überlasse Schülern Möglichkeiten des selbstbestimmten Lernens
5. in einem positiven emotionalen Umfeld,
6. wende kontinuierliche oder diskontinuierliche Lernwege an und
7. fördere ein Denken über den Lernprozess nach einer Intervention, also stoße metakognitive Prozesse an und
8. setze diagnostische, problemstellende Aufgaben ein, weil sie helfen, die Impulse solcher Aufgaben im Lernprozess zu nutzen.

Soweit es das aktuelle fachdidaktische Forschungsfeld betrifft, bedarf es weiterer empirischer Bemühungen, um den Erfolg dieser Thesen in Interventionen zu belegen (Kap. 8).

In Interventionen bedeutsam hat sich der Wissensstrukturansatz erwiesen. Er basiert auf der theoretischen Annahme, dass Konzepte beim Erklären von biologischen Phänomenen über verschiedene Organisationsebenen hinweg vertikal und entlang derselben Organisationsebene horizontal vernetzt sind (Kap. 4), ein Gedanke, der auf die Jo-Jo Strategie zurückgeht (Knippels 2002). Ergänzt wird dieser Ansatz mit der *knowledge integration perspective on conceptual change* (Clark und Linn 2013). Im Wechselspiel zwischen Vernetzung von Konzepten und Unterscheidung eines Konzepts in distinkte Komponenten, einmal auf unterschiedlichen, einmal auf denselben Organisationebenen, soll bei der Neubewertung eigener Konzepte vor dem Hintergrund der neu erworbenen Konzepte die Wirksamkeit des Inbeziehungsetzens ein Lernen unterstützen (Kap. 4). Es existieren Alternativangebote, die eine Vernetzung von Wissensstrukturen beim Lernen von Biologie fördern sollen, zum Beispiel das explizite Arbeiten mit Erschließungsfeldern (MNU 2001) oder Basiskonzepten (KMK 2005). Bei aller Etabliertheit der Vorstellungsforschung wurden bisher zu wenig zuverlässige, einfach in der Praxis anwendbare und nachweisbar erfolgreiche Vermittlungsstrategien hervorgebracht. Zur Untersuchung von Verstehensprozessen im Biologieunterricht sollte mit Interventionen, die kompetitiv mit verschiedenen Strukturierungen arbeiten, nachgewiesen werden, mit welcher Art von Vernetzung Instruktionserfolg besser vorhersagbar ist (Kap. 8).

10.5 Wer nicht messen will, muss fühlen

Es stellt sich die Frage, wie etwas gemessen werden kann, was gar nicht präzise theoretisch erfasst werden kann. Aus fachdidaktischer Perspektive ist unstrittig, dass in Ansätzen zur Lehrerprofessionalisierung der Umgang mit Vorstellungen eine bedeutende Rolle spielt. Dennoch fehlt es an Diagnoseinstrumenten, die eine zeitökonomische Erhebung der Vorstellungen und die anknüpfende Arbeit an diese im Unterricht praktikabel machen. Es ist davon abgesehen auch ohne Diagnose unklar, inwiefern der als relevant angesehene Umgang mit Vorstellungen auf Seiten der Lehrenden mit kognitiven und performativen Fähigkeiten der Lehrpersonen zusammenhängt, inwiefern sie zu einer veränderten Planungs- und Unterrichtspraxis und darüber zu Veränderungen im Lernen oder Verstehen der Lernenden führen (Kap. 7).

Interessant ist auch, dass der Terminus Diagnose in entsprechenden Studien der Vorstellungsforschung oft vermieden wird und stattdessen verschiedene Fähigkeiten lediglich analysiert werden (Kap. 7). Grundsätzlich bleibt es ein fachdidaktisches Desiderat, Diagnosen zu ermöglichen, die Lernprozesse in Schule und Hochschule unterstützen. Dabei wird es nicht darum gehen, diese Diagnoseergebnisse zum Klassifizieren und Selektieren – möglicherweise zur Notenfindung – zu nutzen, was dann nach den theoretischen Erwägungen eine Wissensabfrage bedeuten würde, sondern die Erkenntnisse der Vorstellungsdiagnose zum Fördern von Entwicklungs- oder Lernprozessen zu nutzen. Dabei ist Forschung auf zwei Zielgruppen zu konzentrieren: Auf Schüler mit ihren Vorstellungen über biologische Phänomene, um Anknüpfungsgelegenheiten im Unterricht zu ermöglichen, und auf Lehrpersonen mit ihren eigenen Vorstellungen und den Umgang mit den Vorstellungen ihrer Schüler im Sinne professioneller Wahrnehmung und Planungsfähigkeit. Dabei zeigt sich Professionalität einer Lehrperson in der Reflexivität über eine Entscheidungskette, bei der situationsspezifisch Verständnisprobleme wahrgenommen, Handlungsoptionen theoriegeleitet abgewogen und entsprechende Entscheidungen getroffen werden. Die dazu notwendigen diagnostisch basierten Wertungen liegen aus Mangel an Instrumenten für viele Bereiche nicht vor. Dies wird als Grund dafür gesehen, dass in der Vorstellungsforschung überwiegend nicht diagnostiziert, sondern beobachtet, beschrieben, analysiert und interpretiert wird (Kap. 7). Vielleicht ist das fachdidaktische Engagement, Diagnoseinstrumente zu entwickeln, aber auch durch die Erkenntnis gebremst, dass selbst bei exakter Diagnose keine regelgeleiteten standardisierten Verhaltensweisen zu finden sein werden, die linear interpretiert zu einem Lernerfolg führen. Ganz davon abgesehen, ist es bisher auch nur in wenigen Fällen gelungen, das komplexe und vielseitige Konstrukt Vorstellung in einer komplexitätsreduzierten Diagnose ökonomisch zu erheben und dabei noch sinnvoll in Vermittlungssituationen zu nutzen.

10.6 Unser Wille: Verstehe!

Bei allen Bemühungen der Vorstellungsforschung geht es darum, das Verstehen von Menschen zu ergründen, um Möglichkeiten zu eröffnen, beim individuellen Suchen nach Sinn und Bedeutung viable Interpretationen der Welt zur Verfügung zu stellen (Kap. 9). Wenn wir begreifen, dass die Gehirne nicht konstruiert sind, Erkenntnisse zu liefern, sondern das Überleben zu sichern, kann in Vermittlungsabsicht darüber nachgedacht werden, ob wir bei allem Bemühen nach Erkenntnis nicht viel mehr die ursprüngliche Bedeutung des Gehirns ansprechen sollten: Eine transparente Kosten-Nutzen-Analyse, was für den Lernenden erkennbar die größten Chancen eröffnet, in der Gesellschaft zu überleben, sprich kompetent handeln zu können. Dabei ist unser Gehirn in der Lage, ein stabiles Weltbild aufzubauen und gleichzeitig auf eine veränderte Umwelt bis ins hohe Alter hinein zu reagieren (Kap. 9). Allerdings bedarf es einer überzeugenden Argumentation, in diesem Balanceakt zwischen beruhigender stabiler Struktur und arbeitsintensiver Plastizität nicht sparsam an Alltagsvorstellungen festzuhalten, sondern kostenintensiv umzulernen. Mit der Haltung, dass im Unterricht um Verständnis gerungen werden soll, wären Vorstellungen zuzulassen und Wissen zu fördern (Kap. 3). Dieser Austausch sollte verständliche und plausible Alternativen anbieten, um in der Biologie Erklärungen fruchtbar nutzen zu können und sich damit in unserer Gesellschaft zu behaupten.

Anmerkungen

1. Aus Gründen der leichteren Lesbarkeit wird auf die geschlechtsspezifische Unterscheidung verzichtet. Die grammatisch männliche Form wird geschlechtsneutral verwendet und meint das weibliche und männliche Geschlecht gleichermaßen.

Literatur

Baumann P (2006) Erkenntnistheorie. Springer, Heidelberg

Clark D, Linn MC (2013) The knowledge integration perspective: connections across research and education. In: Vosniadou S (Hrsg) International handbook of research on conceptual change. Routledge, New York, S 61–82

Gebhard U (2007) Intuitive Vorstellungen bei Denk- und Lernprozessen: Der Ansatz „Alltagsphantasien“. In: Krüger D, Vogt H (Hrsg) Theorien in der biologiedidaktischen Forschung. Springer, Heidelberg, S 117–128

Gropengiesser H (2007) Theorie des erfahrungsbasierten Verstehens. In: Krüger D, Vogt H (Hrsg) Theorien in der biologiedidaktischen Forschung. Springer, Heidelberg, S 105–116

Gropengießer H, Marohn A (2018) Schülervorstellungen und conceptual change. In: Krüger D, Schecker H, Parchmann I (Hrsg) Theorien in der naturwissenschaftsdidaktischen Forschung. Springer, Heidelberg, S 49–68

Hammann M, Asshoff R (2014) Schülervorstellungen im Biologieunterricht. Ursachen für Lernschwierigkeiten. Kallmeyer, Seelze

Hoyningen-Huene P (2011) Was ist Wissenschaft? In: Gethmann CF (Hrsg) Lebenswelt und Wissenschaft. Deutsches Jahrbuch Philosophie, 2. Aufl. Meiner, Hamburg, S 557–565

Kattmann U (2007) Didaktische Rekonstruktion – eine praktische Theorie. In: Krüger D, Vogt H (Hrsg) Theorien in der biologiedidaktischen Forschung. Ein Handbuch für Lehramtsstudenten und Doktoranden. Springer, Berlin, S 93–104

Kattmann U (2015) Schüler besser Verstehen. Alltagsvorstellungen im Biologieunterricht. Aulis, Hallbergmoos

Klieme E, Maag-Merki K, Hartig J (2007) Kompetenzbegriff und Bedeutung von Kompetenzen im Bildungswesen. In: Hartig J, Klieme E (Hrsg) Möglichkeiten und Voraussetzungen technologiebasierter Kompetenzdiagnostik. Bonn, BMBF, S 5–15

KMK (2005) Bildungsstandards im Fach Biologie für den Mittleren Schulabschluss. Wolters Kluwer, München

Knippels MCPJ (2002) Coping with the abstract and complex nature of genetics in biology education: the yo-yo learning and teaching strategy. University Repository, Utrecht

MNU (2001). Biologieunterricht und Bildung: Die besondere Bedeutung des Faches Biologie zur Kompetenzentwicklung bei Schülerinnen und Schülern; Empfehlungen zur Gestaltung von Lehrplänen und Richtlinien für den Biologieunterricht. MNU 54, Beil. 2. Troisdorf: Dümmler

Posner GJ, Strike KA, Hewson PW, Gertzog WA (1982) Accommodation of a scientific conception: toward a theory of conceptual change. Science Education 66(2):211–227

Southerland SA, Sinatra GM, Matthews MR (2001) Belief, knowledge, and science education. Educ Psychol Rev 13(4):325–351

Wandersee JH, Mintzes JJ, Novak JD (1994) Research on alternative conceptions in science. In: Gabel D (Hrsg) Handbook of research on science teaching and learning. Macmillan, New York, S 177–210

Wischmeier I (2012) „Teachers‘ Beliefs“: Überzeugungen von (Grundschul-)Lehrpersonen über Schüler und Schülerinnen mit Migrationshintergrund – Theoretische Konzeption und empirische Überprüfung. In: Wiater W, Manschke D (Hrsg) Verstehen und Kultur. Mentale Modelle und kulturelle Prägungen. Springer, Wiesbaden, S 167–188

Prof. Dr. Dirk Krüger hat Biologie- und Mathematik (Lehramt an Gymnasien) an der Universität Hannover studiert und am Institut für Angewandte Genetik der Universität Hannover 1996 promoviert. Nach dem Referendariat unterrichtete er an einem Gymnasium in Hannover bevor er als wissenschaftlicher Assistent an die Abteilung Didaktik der Biologie an die Universität Hannover wechselte. 2003 wurde er für das Fachgebiet Didaktik der Biologie an die Freie Universität Berlin berufen. Seine Forschungs- und Arbeitsschwerpunkte liegen im Bereich Erkenntnisgewinnung und im Speziellen in der Diagnose und Förderung von Modellkompetenz sowie in der Erhebung von Schülervorstellungen zu verschiedenen biologischen Themen.

Erratum zu: Vorstellung und Kompetenz

Moritz Krell

Erratum zu: Kapitel 6 in: B. Reinisch et al. (Hrsg.), *Biologiedidaktische Vorstellungsforschung: Zukunftsweisende Praxis,* https://doi.org/10.1007/978-3-662-61342-9_6

Im Kapitel „Vorstellung und Kompetenz" wurden unter „Weiterführende Literatur" noch zwei Titel ergänzt.

Die korrigierte Version des Kapitels ist verfügbar unter https://doi.org/10.1007/978-3-662-61342-9_6

M. Krell (✉)
Didaktik der Biologie, Freie Universität Berlin, Berlin, Deutschland
E-Mail: moritz.krell@fu-berlin.de

B. Reinisch et al. (Hrsg.), *Biologiedidaktische Vorstellungsforschung: Zukunftsweisende Praxis,* https://doi.org/10.1007/978-3-662-61342-9_11

Printed in the United States
By Bookmasters